U0340287

黄淮海平原气候干旱对冬小麦产量和水分生产力的影响

Potential effect of climatic drought on the yield and water productivity of winter wheat over the Huang-Huai-Hai Plain

居 辉 刘 勤 杨建莹 严昌荣 等 著

科学出版社

北 京

内 容 简 介

本书概述了黄淮海平原的地理区位及自然环境条件、农业生产概况，通过对过去（1961~2014 年）气象资料再分析，系统阐述了其农业气候资源特点、时空趋势变化和分异规律，并进一步借助作物模型、遥感影像、蒸散量反演模型等方法，揭示了黄淮海平原冬小麦不同生育期降水盈亏量特征及实际蒸散量水平，探明了冬小麦的水分生产力时空变异规律，评估了气候干旱及对产量的影响，阐明了不同区域冬小麦干旱影响差异。本书深化了对黄淮海平原气候资源变化规律的认识，探明了不同区域冬小麦的水分生产力和干旱影响时空分异规律，探索了冬小麦不同生育期干旱影响的研究方法和技术手段，研究结果为指导我国黄淮海粮食主产区的作物稳产增产、提高农业水资源利用效率、加强农业气象部门合理防灾减灾提供科学决策支持。

本书可供农业科研、生产等领域的研究人员、专业技术人员、教学人员以及研究生等参考使用。

图书在版编目（CIP）数据

黄淮海平原气候干旱对冬小麦产量和水分生产力的影响/居辉等著.
—北京：科学出版社，2016.12
  ISBN 978-7-03-051063-1

Ⅰ.①黄⋯ Ⅱ.①居⋯ Ⅲ.①黄淮海平原–旱地–冬小麦–研究
Ⅳ.①S512.1

中国版本图书馆 CIP 数据核字(2016)第 309585 号

责任编辑：李秀伟 / 责任校对：张怡君
责任印制：肖 兴 / 封面设计：北京铭轩堂广告设计有限公司

科学出版社 出版
北京东黄城根北街 16 号
邮政编码：100717
http://www.sciencep.com

北京通州皇家印刷厂印刷
科学出版社发行 各地新华书店经销

*

2016 年 12 月第 一 版 开本：720×1000 1/16
2016 年 12 月第一次印刷 印张：13 3/4
字数：277 000
定价：120.00 元

（如有印装质量问题，我社负责调换）

著 者 名 单

（按姓氏汉语拼音排序）

陈敏鹏　　韩　雪　　何文清

胡　玮　　姜　帅　　居　辉

李翔翔　　李迎春　　林而达

刘　勤　　刘　爽　　刘恩科

梅旭荣　　秦晓晨　　曲春红

徐建文　　严昌荣　　杨建莹

序

　　农业生产的核心任务是保证粮食安全，确保异常气候条件下粮食的稳产高产，是社会发展的基础，也是农业适应发展的大趋势。农业产量波动不仅影响居民生计的基本需求，也关系到粮食市场的动荡。考虑到我国农业基础现状以及气候变化趋势特征，明确干旱及其对小麦的综合影响成为气候变化评估工作的一项重要内容。

　　对于气候均态变化对农业影响的研究，国内外开展了大量工作，取得了相当丰富的共性认知。但也从中意识到，异常气候对农业生产影响更剧烈，关注异常气候影响及应对策略更为迫切和重要。对于农业生产来讲，异常天气气候事件是否导致农业灾害的发生，不仅取决于气象因子的胁迫水平，也取决于作物本身的耐逆能力，需要从气象因子和作物特性综合分析。目前研究农业对气候变化的响应，更多视点关注在未来影响评估，但回顾历史也是必要的。我们对很多气候事件的认识，更多来源于以往的实践经验和资料记载，对这些资料的提炼总结，对于预估未来异常气候影响是重要的认知储备和有力佐证。以往的生产实例证实，小麦在开花期的干热风，并非气象条件满足高温、高热、持续日数就可能发生，其发生的可能性和影响程度还要看小麦根系结构、田间群体特征、土壤水分状况等要素，实践经验的分析和总结可以为客观评估极端气候和农业关系提供丰富的理论认知，也对未来的阶段性异常气候影响分析和适应决策具有参考作用。

　　我国《气候变化国家评估报告》以及IPCC的系列报告对气候变化对农业的影响做了大量评估工作，对该领域有了一定的科学认识和资料积累，并明确未来极端气候发生的频率和强度将明显增强，针对极端的气候条件，农业生产也会经历巨大的挑战，研究亟待深入。2012年IPCC首次发布《管理极端事件和灾害风险推进气候变化适应特别报告》（SREX），我国2015年由中国气象局秦大河院士组织编著了《中国极端天气气候事件和灾害风险管理与适应国家评估报告》，就农业而言，相关内容包括作物不同生育阶段和气候变化的协同互作关系、阶段性气候波动对农业的影响，针对不同灾害性天气的农业应对技术及适应能力等内容也都亟须深入探索与研究。

　　黄淮海平原是我国旱灾最为严重的区域之一，而气候变化在很大程度上加剧了该地区水资源的紧张态势。由于黄淮海平原是冬小麦主产区，且其生长季正值降水稀少的时期，导致生产实践中冬小麦旱灾频发，直接影响到我国整体冬小麦供给平衡。因此，加强黄淮海平原冬小麦生长季内干旱规律的研究，以及干旱灾害对冬小麦的影响识别具有重要的实践指导和理论认知作用。该书在系统分析黄淮海平原冬小麦生长季干旱的时空变化特征基础上，研究了黄淮海平原冬小麦不同生育阶段的干旱的变化趋势，并且尝试从气象干旱的角度，借助作物生长模型模拟探讨黄淮海平原冬小麦关键需水生育阶段干旱对产量的影响规律，研究结果进一步提升了黄淮海平原干旱对冬小麦产量影响的认识，并为黄淮海平原气候变化背景下冬小麦实际生产抗旱减灾及合理灌溉提供科学依据。黄淮海干旱对冬小麦产量影响和水分生产力评估是区域气候特征和作物关键生育期结合研究的开创性工作，希望研究团队在后续工作中就异常气候与作物生育阶段关联性分析、未来影响的风险评估、技术措施的适应能力等内容予以深化和发展，为气候变化背景下我国的粮食稳产丰产，以及保证国家粮食稳产增产作出更大的贡献。

2016 年 7 月 30 日

前　　言

　　干旱缺水是全球面临的严重问题，也是制约我国农业和经济发展的重要因素。灌溉农业作为全球最大的淡水资源消耗产业，约占淡水消耗总量的 70%，在某些国家甚至高达 80%，随着世界人口的膨胀、工业和生活用水的增加以及各种环境问题的出现，灌溉农业所能获得的水资源量正在逐渐萎缩。另外，气候变化导致光照、热量和水分等气候要素的数值和时空格局发生变化，势必对农业生产造成叠加影响。研究证实，我国东北、华北大部、西北东部降水量呈明显减少趋势，近 50 多年减少 20~40 mm，干旱面积迅速扩大。在气候变暖条件下，我国降水类型复杂多变，年际变化、季节分配不均和区域差异将更加明显，粮食生产所需要的灌溉用水资源量更加不稳定。未来数十年内需要解决的难题将是如何用更少的水资源生产更多的粮食，而用更少的水资源生产更多粮食的出路在于提高作物水分生产力。黄淮海平原是我国重要的粮食生产基地，近些年由于受频繁干旱、春季低温等灾害影响以及城市用水的迅猛增长，华北区域农业用水的紧张态势进一步加剧，并严重影响到农业生产的可持续发展，因此，明确干旱对作物的影响水平，提升作物水分生产力，对于缓解水资源危机、保障国家的粮食安全和社会可持续发展具有重要意义。

　　黄淮海平原位于燕山以南、淮河以北（112°33′E~120°17′E，31°14′N~40°25′N），是黄河、淮河、海河流域平原的简称，属典型的季风气候区，年降水量 500~800 mm，呈南多北少的分布格局，70%以上集中在 7~9 月，而年潜在蒸散量为 1000 mm 左右，大部分区域降水处于亏缺状态，是我国的干旱重灾区之一。同时，黄淮海平原是我国的重要粮食生产基地，主要种植方式是冬小麦－夏玉米轮作，小麦和玉米产量分别占全国总产量的 70%和 30%左右。在典型的小麦－玉米周年生产体系中，年降水仅能满足农业用水的 65%左右，其中，冬小麦生长发育需水关键期降水较少，只能满足小麦需水量的 25%~40%，亏缺部分主要依靠开采地下水灌溉。因此，提升作物水分生产力，对于缓解水资源危机、保障国家的粮食安全和社会可持续发展具有重要意义。

　　第一，编著本书的目的。黄淮海平原是我国重要粮食主产区，水资源短缺是该区域农业生产的瓶颈，提高水分生产力是该区域农业生产的迫切需求。受气候变化影响，黄淮海平原自然降水呈减少趋势，气候干旱发生频率升高、强度增大，不断加剧的干旱对该区域农业生产的影响，特别是对冬小麦的影响亟待研究。同时，长期超采地下水已导致地下水位急剧下降，部分地区出现大面积地下水漏斗，因此以抽取地下水为主要来源的农业灌溉用水利用效率需要进一步提高。另外，粮食需求量大幅度增加，《全国新增 500 亿公斤粮食生产能力规划（2009－2020 年）》中确定的黄淮海平原增产目标约为 150 亿 kg，因此"水减粮增"的矛盾将会更加突出。由于黄淮海平原自然降水不能满足冬小麦生长的需要，因此冬小麦旱灾频发，一般年份冬春雨雪少，由于冬春气候干燥，积雪不多，所以春季温度上升极快，作物生长发育较迅速。干旱是该区小麦生产的一大威胁。作者希望本专著的出版，从区域尺度探讨气候资源的变化特点，探讨过去 30 年（1981~2010年）以来气候干旱对黄淮海平原冬小麦产量及水分生产力的潜在影响，为农业气象部门合理防灾减灾和确保我国粮食稳产增产提供科学决策支持。

第二，本书的基本结构和内容。全书从黄淮海自然地理条件及气候资源禀赋，进一步深化到冬小麦生育期内的降水盈亏和实际蒸散水平，并采用气候干旱评价指标、作物模型、遥感影像分析等研究方法，对黄淮海平原气候干旱的时空分异特征、不同生育期干旱对其产量影响，以及冬小麦水分生产力进行了系统性评价研究。全书共七章，第一章是黄淮海平原基本概况介绍，包括地理位置及行政区划、自然地理条件和农业生产概况。第二章细化阐述了黄淮海平原农业气候资源特点，包括数据来源、处理方法以及太阳辐射量、年均气温、降水量和潜在蒸散量的变化特征。第三章深入分析了黄淮海平原冬小麦不同生育期和降水盈亏量时空变化，包括采用的数据资料及关联性分析方法、冬小麦生育期变化与气候要素关系、不同年代冬小麦生育期内水分亏缺特征比较。第四章系统研究了黄淮海平原气候干旱及对产量的影响程度，涉及冬小麦生长季内干湿状况的时空分布、典型站点冬小麦生育阶段的气候干旱特征和气候干旱对冬小麦产量的影响程度。第五章介绍了不同土壤类型下冬小麦适应干旱能力，主要包括影响冬小麦生长发育及产量的主要因素、数据来源与方法、褐土条件和潮土条件下冬小麦干旱适应能力分析。第六章介绍了黄淮海平原冬小麦实际蒸散量估算，主要介绍了实际蒸散量估算、数据来源与方法、冬小麦种植分布信息提取、SEBAL 地表蒸散估算和冬小麦实际蒸散量。第七章开展了冬小麦实际水分生产力核算评估，主要包括冬小麦调研产量的基本特征及其区域栅格化方法、冬小麦实际水分生产力分异规律，并探讨了冬小麦水分生产力提升的可能技术途径。

本书的撰写和出版得到了中国农业科学院农业环境与可持续发展研究所、农业部旱作节水农业重点实验室和中国气象科学研究院的大力支持。同时还要感谢国家 973 计划项目"华北农业和社会经济对气候灾害的适应能力研究"（2012CB-955904）、"十二五"国家科技支撑计划"旱作农业关键技术研究与示范"（2012BAD29B01）和国家自然科学青年基金"作物水分生产力时空分异特征及关键影响因素研究"（41401510）的资助。

作为一本探讨黄淮海平原气候干旱特征及对冬小麦产量和水分生产力影响的专著，虽然我们在撰写过程中竭尽所能，但由于水平和各种条件的限制，书中难免会出现各种疏漏和片面性，请各位专家和读者给予批评和指正。

居　辉

2016 年 10 月

Introduction

Climate change is widely accepted to be one of the most critical problems faced by the Huang-Huai-Hai Plain (3H Plain), which is a region, an over-exploitation of groundwater region and where future warmer and drought conditions might intensify crop water demand. The Huang-Huai-Hai Plain is subject to the middle and lower of the Yellow River basin, the Huaihe River plain, and the Haihe River valley plain, extending over 31°14′N—40°25′N, 112°33′E—120°17′E. It is surrounded by the south foot of Yanshan Mountain to the north, north foot of Tongbai Mountain and Dabie Mountain and Jianghuai Watershed to the south, and eastern foot of Taihang Mountain and Qinling Range to the west, whereas the eastern boundary lies the Bohai Sea and Yellow Sea. The Huang-Huai-Hai Plain belongs to the extratropical monsoon climatic region. The annual mean precipitation is 500—800 mm (with more than 70% falls in July to September), while the atmospheric evaporative demand is about 1000 mm/year. For the wheat-maize rotation system, rainfall can just meet 65% of total agricultural water demand, especially for winter wheat, during which only 25%—40% is satisfied by rainfall. Irrigation water is mainly pumped from groundwater. Drought is one of the most damage and widespread climate extreme facing the world, and has been the relatively restriction factor for agriculture and economy development in China. As world's largest water consumption industries, irrigation farming system consumes around 70% (even more than 80% for some country) of total freshwater usages. However, the accessible freshwater for agriculture has been challenged and declined along with the booming of population and the increasing water usage in living, industry and environment protection. Additionally, the change of quantitative value and spatial-temporal distribution of solar radiation, heat resources, and precipitation further fluctuate agricultural production. It showed that the precipitation had decreased significantly at the amount of 20—40 mm during past 50 years in North and Northeast China, inducing a rapidly expanding of drought areas. In the background of global warming, the irrigation water resource for agricultural production is expected to be more unstable due to the increasing complexity of the regional difference and the annual/interannual variability of precipitation. Thus, how to produce more food with less water will become a subject to solve urgently in next decades, which in virtually depends on crop water productivity. Thus, to improve crop water productivity is of primary importance for alleviating water resources crisis, guaranteeing national food security, and ensuring society sustainable development.

Firstly, the main purpose of writing this book is introduced. 3H Plain belongs to semi-arid and semi-humid region. Heat resources can meet the demand of double cropping system. The main cropping pattern is winter wheat-summer maize rotation system. The annual mean precipitation is 500－900 mm with inhomogeneous seasonal distribution that 45%－65% falls in summer. In spring, autumn, and winter, precipitation is insufficient to cover water output. There are about 400 mm of water deficit every year, while almost 150－200 mm was from winter wheat growing season. The winter wheat is typically planted in October and harvested next year in June in 3H Plain. The precipitation of this period is 125－250 mm (25%－29% of the year sums) which can not satisfy the water requirements for winter wheat development, and subsequently induce the high frequency of agricultural drought. Thus, the original intention of publishing this book is to provide reference and technical support for agrometeorological department to enhance disaster prevention and mitigation capacity and ensure national food security through: (1) analyzing the changing characteristics of climatic resources in regional scale, and (2) investigating the potential effect of climate drought on the yield and water productivity of winter wheat over the Huang-Huai-Hai Plain.

Secondly, the basic structure and content. This book introduces the basic situation, regional differentiation of agricultural climate resources, meteorological drought characteristics and the evaluation of winter wheat water productivity of 3H Plain. The book is divided into seven chapters. Chapter 1 introduces the basic situation of the studied region, including the geographical location, administrative division, natural environmental condition and agricultural production status. Chapter 2 analysis the characteristics of agroclimatic resources, including the changing characteristics of solar radiation, annual mean temperature, precipitation and potential evapotranspiration. Chapter 3 describes the phenological phase and climatic water deficit of winter wheat, mainly including the impact of climate change on winter wheat phenology and the characteristics of water budget during winter wheat growth period in 1970s and 2000－2015, respectively. Chapter 4 investigates the potential effect of climate drought on winter wheat yield, including the spatial-temporal distribution of arid/humid conditions during winter wheat growing period, characteristics of meteorological drought for different growth stage of typical sites and its potential effect on wheat production. Chapter 5 presents a study on the drought adaptive capacity of wheat with different soil types (cinnamon and moisture soil). Chapter 6 describes the approach to estimate actual evapotranspiration of winter wheat, including the extraction of winter wheat planting information and actual evapotranspiration estimation based on SEBAL model. Chapter 7 evaluates the water productivity of winter wheat, including the research progress, the basic characteristics of wheat production and its rasterization, and the spatial-temporal differentiation of winter wheat water productivity.

This book's composition and publication has taken years of hard work of many experts who conduct long-term research of climatic drought assessment and its potential effect, and gotten a lot of support from Institute of Environment and Sustainable Development in Agriculture (CAAS), Key Laboratory of Dryland Agriculture and Chinese Academy of Meteorological Sciences. We also thank the National Basic Research Program of China (973 Program, 2012CB955904), the National Key Technologies R&D Programs (2012BAD29B01), and the National Science Foundation for Young Scientists of China (41401510).

As a newly introduction book about "Potential effect of climatic drought on the yield and water productivity of winter wheat over the Huang-Huai-Hai Plain", it takes out great effect, and it is inevitable to have made mistakes in this book, so we are expecting scholars and readers to give feedback.

Ju Hui

Oct 2016

目　　录

Contents

图 表 目 录

第一章　黄淮海平原概况

第一节　地理位置与行政区划

黄淮海平原是黄河、淮河、海河流域平原的简称。从地貌学的观点，按照地表形态、地质构造、地表组成物质以及流域水系的变化等原则，划定的界线为，北起燕山山脉的南麓；南抵桐柏山、大别山的北麓，以江淮流域的低分水岭为界；西起太行山、秦岭的东麓，东面包围了鲁中南山地，临渤海、黄海。位于112°33′E~120°17′E，31°14′N~40°25′N，总面积约 38.7 万 km² （图 1-1）。在流域上主要包括海河、黄河、淮河等流域的中下游地区，以及源于鲁中南山地的一些中小河流域下游的广大平原地区。跨越北京市、天津市、河北省、山东省、河南省、安徽省和江苏省 7 个省（直辖市）。

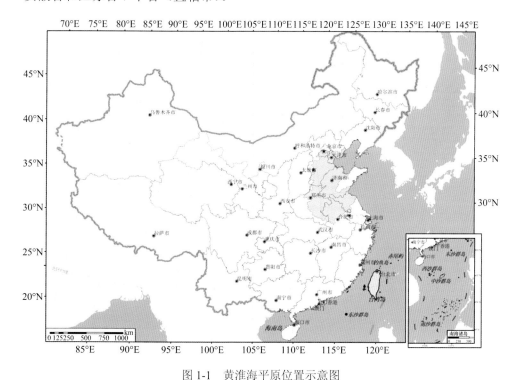

图 1-1　黄淮海平原位置示意图

Figure 1-1　The location of the Huang-Huai-Hai Plain in China

（本节作者：严昌荣　居　辉　刘　勤）

第二节 自然地理条件

一、气象水文

黄淮海平原西居内陆，东临海洋，属暖温带季风气候。黄淮海平原气候可分为干旱、半干旱和半湿润气候。季节分明，光、温、水等气候资源空间差异明显。黄淮海平原太阳辐射量东部地区较高，冬小麦生育期内约为 3800 MJ·m^{-2}，而夏玉米生育期内约为 1320 MJ·m^{-2}。年平均气温 8~15℃，由南向北递减，冬小麦生长季内平均温度一般为 6~12℃，夏玉米一般为 20~24℃。年均降水量为 600~800 mm，降水量南部地区高于北部地区，北部干旱，南部湿润；冬小麦生长季内降水量一般为 200~500 mm，夏玉米一般为 350~450 mm。

黄河是黄淮海平原的主要造就者，又是平原许多灾害的主要根源。流经西北辽阔的黄土高原的黄河，挟带大量泥沙而下，在漫长的第四纪，形成了如今的黄淮海平原。近代的黄河，每年平均输沙量仍高达 16 亿 t，其中，一部分填海成陆，使河口不断延伸，继续在扩大平原；另一部分淤积在下游河道，使河床不断升高，引起历史上周期性的决口改道。长期超采地下水的结果已导致地下水位的急剧下降。20 世纪 70 年代该地区地下水位在地表下 10 m，2001 年已下降到地表下 32 m（Zhang et al.，2003），近年仍在以每年 1 m 的速度下降（Zhang et al.，2005），部分地区已出现大面积地下水漏斗。

二、地形地貌

黄淮海平原的地貌形态主要包括山前洪积—冲积扇形平原、冲积平原及海积平原。整个平原以黄河干道为分水脊，北面由西南向东北倾斜，南面则由西北向东南倾斜，形成一个微向渤海、黄海倾斜的大冲积平原。黄淮海平原北起燕山山脉南坡的山海关，向西沿山边线（基本上以海拔 100 m 等高线为地形地貌界），连滦河冲积扇扇顶，经密云水库、怀柔水库到昌平、南口一带，沿断层线向南到永定河冲积扇扇顶，沿太行山北段太断层到拒马河冲积扇扇顶，向南顺 100 m 等高线到滹沱河冲积扇扇顶，再向南沿 200 m 等高线大断层，接漳河冲积扇扇顶海拔 100 m 等高线沿山麓断层线，到黄河出山口，沿嵩山—淮弧形构造带，向南沿伏牛山东麓、桐柏山到淮河出山口后，沿大别山北麓，基本上以海拔 100 m 等高线为界到江淮流域分水岭（海拔 50 m 等高线），后折向东南到长江三角洲的北界洲堤，扬州—海安一带，高度逐渐由海拔 50 m 降到 10 m 直到海边。

三、土壤类型

黄淮海平原地带性土壤为棕壤或褐色土。平原耕作历史悠久，各类自然土壤已熟化为农业土壤。从山麓至滨海，土壤有明显变化。沿燕山、太行山、伏牛山及山东山地边缘的山前洪积—冲积扇或山前倾斜平原，发育有黄土（褐土）或潮黄垆土（草甸褐土），平原中部为黄潮土（浅色草甸土），冲积平原上尚分布有其他土壤，如沿黄河、漳河、滹沱河、永定河等大河的泛道有风沙土；河间洼地、扇前洼地及湖淀周围有盐碱土或沼泽土；黄河冲积扇以南的淮北平原未受黄泛沉积物覆盖的地面，大面积出现黄泛前的古老旱作土壤——砂浆黑土（青黑土）；淮河以南、苏北、山东南四湖及海河下游一带尚有水稻土。黄潮土为黄淮海平原地区最主要的耕作土壤，耕性良好，矿物养分丰富，在利用、改造上潜力很大。平原东部沿海一带为滨海盐土分布区，经开垦排盐，形成盐潮土（中国科学院土壤队，1964）。因此，黄淮海平原土壤类型包括潮土、砂浆黑土、褐土、风沙土和盐渍土，其中潮土和褐土是主要农业用地土壤类型（赵其国等，1990；孟鹏等，2013）。

（本节作者：严昌荣　刘恩科　刘　爽）

第三节　农业生产概况

黄淮海平原是我国最重要的农作区之一，现有农业人口占全国的 11.0%，地区生产总值占全国的 14.2%。2014 年黄淮海平原现有耕地面积约 3.66 亿亩[①]，其中水田面积占总耕地面积的 3.0%，而水浇地和旱地面积分别占全部耕地的 54.3% 和 43.1%，其中粮食播种面积为 23 893.75 万亩，占全国粮食总播种面积的 15.8%，粮食产量为 17 474.8 万 t，占全国粮食产量的 35.1%（表 1-1）。黄淮海平原是我国著名的冬小麦带和夏玉米带，冬小麦复种夏玉米是目前该区域的主要种植模式，20 世纪上半叶，多为两年三熟制，1949 年以后，随着水肥条件的改善，一年两熟面积逐渐增加，小麦种植面积和产量均居全国之首，冬小麦种植面积占全国冬小麦种植面积的 60.8%，玉米播种面积占全国玉米播种面积的 28.7%。

表 1-1　黄淮海平原各省（直辖市）农业生产情况

Table 1-1　The agricultural production situation of seven provinces in the Huang-Huai-Hai Plain

省（直辖市） The provinces	粮食播种面积 Grain planting area （万亩）	粮食总产量 Total grain yield （万 t）	人均粮食占有量 Yield per capita （kg·人$^{-1}$）	粮食单产 Per unit area yield of grain （kg·亩$^{-1}$）
北京 Beijing	339.45	125.5	74.0	369.7
天津 Tianjin	263.5	217.7	370.2	826.1
河北省（部分） Part of Hebei	5799.4	3138.0	191.1	541.1
山东省（部分） Part of Shandong	4887.4	4598.3	564.1	940.8

---

① 1 亩≈666.67 m²，下同。

省（直辖市） The provinces	粮食播种面积 Grain planting area （万亩）	粮食总产量 Total grain yield （万 t）	人均粮食占有量 Yield per capita （kg·人$^{-1}$）	粮食单产 Per unit area yield of grain （kg·亩$^{-1}$）
河南省（部分） Part of Henan	6056.0	4233.0	520.1	698.9
江苏省（北部） Part of Jiangsu	2645.8	2251.8	585.3	851.1
安徽省（北部） Part of Anhui	3902.2	2910.5	673.9	744.5
合计 Total	23893.75	17474.8	409.7	661.5

（本节作者：曲春红　刘　勤）

第四节　粮食高产稳产需求与水资源危机

黄淮海平原是中国高度集约化农区和重要粮食主产区，现有耕地 3.66 亿亩，约占全国的 19%，冬小麦—夏玉米周年轮作（一年两熟）是主要种植模式，小麦和玉米产量分别占全国总产量的 70% 和 30% 左右（中国农业年鉴编辑委员会，2011），在中国粮食安全战略中的地位举足轻重。该地区属典型的季风气候区，年降水量为 500~600 mm（杨瑞珍等，2010），主要集中在 7~9 月，占全年降水量的 70% 以上，而地区年平均蒸散量超过 800 mm（Liu et al.，2002）。在典型的小麦—玉米周年生产体系中，年降水仅能满足农业用水的 65% 左右，其中，冬小麦生长发育需水关键期降水稀少，只能满足小麦需水量的 25%~40%，亏缺部分主要依靠开采地下水灌溉。近几十年来，工业化、城镇化的快速发展使区域需水量快速增长，用水亏缺部分主要靠超采地下水和挤占农业用水补充。据初步估算，近年来该地区农业用水比例逐年下降，供需缺口已经超过 100 亿 m^3。

受气候变化的影响，预计未来干旱缺水趋势将进一步加剧。李翔翔等（2015）利用过去 50 余年（1961~2015 年）的降水和气温资料分析发现，自 20 世纪 80 年代以来，黄淮海平原持续偏旱，京津地区、海滦河流域、山东半岛等近十年平均降水量比多年平均偏少 15%~20%。尤其是 21 世纪以来的近几年，冬春干旱、夏秋高温等不利气象条件发生频率加快、强度增强，农业用水短缺呈加重态势，呈现出频旱缺水多变的环境特征。另外一方面，粮食需求量却在大幅度增加。《全国新增 500 亿公斤粮食生产能力规划（2009~2020 年）》中确定的黄淮海平原增产目标约为 150 亿 kg。目前该区域典型的小麦—玉米周年生产体系每生产 1 t 粮食的年耗水量（蒸发和蒸腾）约为 800 m^3，这就意味着在现有水分生产力水平下，将增加农业用水 120 亿 m^3 左右，供需缺口进一步加大。可见，黄淮海平原"水减粮增"的矛盾在未来将会更加突出。

　　长期超采地下水的结果已导致地下水位的急剧下降。20 世纪 70 年代该地区地下水位在地表下 10 m，2001 年已下降到地表下 32 m（Zhang et al.，2003），近年仍在以每年 1 m 的速度下降（Zhang et al.，2005），部分地区已出现大面积地下水漏斗。水资源危机正在引发一系列的环境问题。缓解地区水资源短缺迫切需要降低农业灌溉用水量。然而盲目减少灌溉用水量将导致地区粮食生产能力下降，威胁国家粮食安全。水资源供需矛盾正在升级为国家粮食安全与地区环境问题的冲突。如何提高农业用水效率在保障高产的前提下大幅度减少农业用水量，实现高产与节水的协同，成为破解黄淮海平原农业用水短缺与粮食持续稳产高产矛盾的关键问题。

（本节作者：梅旭荣　杨建莹　曲春红）

参 考 文 献

李翔翔, 居辉, 严昌荣, 等. 2015. 1961-2013 年黄淮海平原降蒸差的时空变化特征. 中国农业气象, 36(3): 254-262.

孟鹏, 郝晋珉, 周宁, 等. 2013. 黄淮海平原城镇化对耕地变化影响的差异性分析. 农业工程学报, 29(22): 1-10.

杨瑞珍, 肖碧林, 陈印军, 等. 2010. 黄淮海平原农业气候资源高效利用背景及主要农作技术. 干旱区资源与环境, 24(9): 88-93.

赵其国, 龚子同, 徐琪, 等. 1990. 中国土壤资源. 南京: 南京大学出版社: 177-196.

中国科学院土壤队. 1964. 华北平原土壤图集. 北京: 科学出版社.

中国农业年鉴编辑委员会. 2011. 中国农业年鉴 2011. 北京: 中国农业出版社.

Liu C M, Zhang X Y, Zhang Y Q. 2002. Determination of daily evaporation and evapotranspiration of winter wheat and maize by large-scale weighing lysimeter and micro-lysimeter. Agricultural and Forest Meteorology, 111(2): 109-120.

Zhang H, Wang X, You M, et al. 1999. Water-yield relations and water-use efficiency of winter wheat in the North China Plain. Irrigation Science, 19(2): 37-45.

Zhang X Y, Chen S Y, Liu M Y, et al. 2005. Improved water use efficiency associated with cultivars and agronomic management in the North China Plain. Agronomy Journal, 97(3): 783-790.

Zhang X Y, Pei D, Hu C S. 2003. Conserving groundwater for irrigation in the North China Plain. Irrigation Science, 21(4): 159-166.

第二章 农业气候资源特点

第一节 数据来源与处理方法

一、数据来源

采用国家气象局整编的 1961~2014 年（54 年）黄淮海平原 40 个气象站点的逐日降水量（mm）、平均气温（℃）、最低气温（℃）、最高气温（℃）、相对湿度（%）、日照时数（h）、风速（m·s^{-1}）等气候资料，以及经纬度（°）、海拔（m）等数据，站点分布如图 2-1 所示。在所选的 40 个站点中，有部分站点个别年份资料缺测，温度（平均、最高、最低温度）缺测值利用 5 日滑动平均法进行插补，降水量缺测值利用附近站点数据进行线性插补（高晓蓉等，2012）。

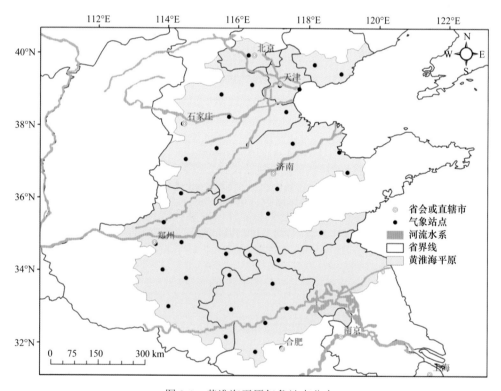

图 2-1 黄淮海平原气象站点分布

Figure 2-1 The location of meteorological stations in the Huang-Huai-Hai Plain

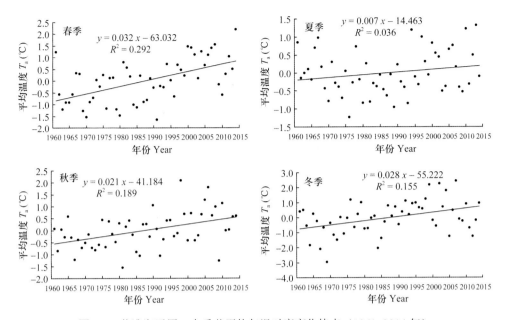

图 2-8　黄淮海平原 4 个季节平均气温时序变化特点（1961~2014 年）

Figure 2-8　The anomaly for averagely annual average temperature in spring, summer, autumn and winter during 1961–2014 in the Huang-Huai-Hai Plain

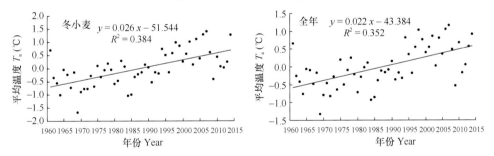

图 2-9　黄淮海平原冬小麦生长季和全年平均气温时序变化特点（1961~2014 年）

Figure 2-9　The anomaly for averagely annual average temperature in winter wheat season and whole year during 1961–2014 in the Huang-Huai-Hai Plain

0.22℃·10a^{-1}、0.31℃·10a^{-1} 和 0.49℃·10a^{-1}（$P<0.01$），其中冬季增温幅度最大。由图 2-11 可以看出，冬小麦生长季和全年最低气温分别为 5.6℃和 9.4℃，都是在 2007 年（7.3℃和 10.8℃）时值最高，且都是在 1969 年（3.7℃和 7.9℃）时值最低，冬小麦生长季和全年最低气温都呈显著上升趋势，线性倾向值分别为 0.41℃·10a^{-1} 和 0.37℃·10a^{-1}（$P<0.01$），春季和冬季增温幅度高于冬小麦生长季和全年。

由图 2-12 可以看出，春、夏、秋、冬 4 个季节平均最高气温分别为 19.9℃、30.7℃、20.1℃和 5.8℃，分别在 2014 年（22.2℃）、1997 年（32.1℃）、1998 年（22.5℃）

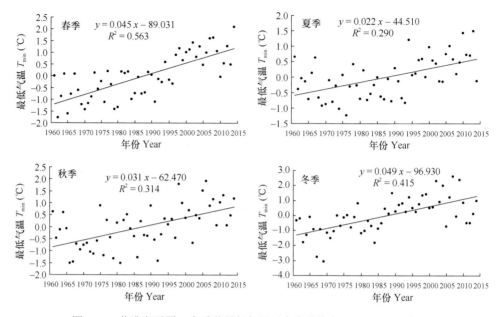

图 2-10 黄淮海平原 4 个季节最低气温时序变化特点（1961~2014 年）

Figure 2-10   The anomaly for averagely annual minimum temperature in spring, summer, autumn and winter during 1961–2014 in the Huang-Huai-Hai Plain

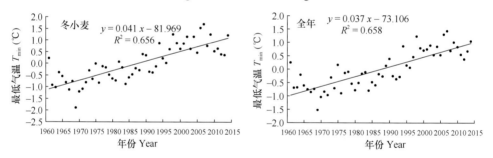

图 2-11 黄淮海平原冬小麦生长季和全年最低气温时序变化特点（1961~2014 年）

Figure 2-11   The anomaly for averagely annual minimum temperature in winter wheat season and whole year during 1961–2014 in the Huang-Huai-Hai Plain

和 1999 年（8.8℃）最高，在 1991 年（17.7℃）、2009 年（29.1℃）、2009 年（17.5℃）和 2009 年（3.0℃）最低，而且春季、夏季、秋季和冬季最高气温增温的线性斜率分别为 0.21℃·10a^{-1}、-0.07℃·10a^{-1}、0.11℃·10a^{-1} 和 0.08℃·10a^{-1}，只有春季通过了显著性检验。由图 2-13 可以看出，冬小麦生长季和全年平均气温分别为 15.8℃ 和 19.2℃（$P>0.05$），都在 2007 年（16.9℃ 和 20.1℃）时值最高，且都是在 2009 年（13.7℃ 和 17.1℃）最低，冬小麦生长季和全年最高气温呈上升趋势但不显著，线性倾向值分别为 0.12℃·10a^{-1} 和 0.08℃·10a^{-1}（$P>0.05$），只有夏季最高气温呈下降趋势。

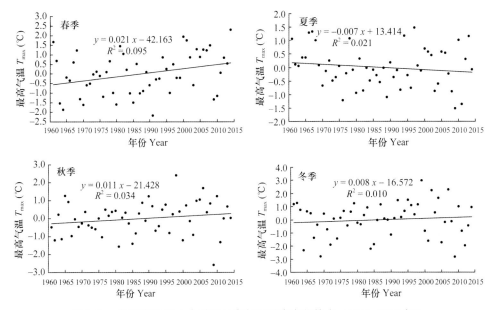

图 2-12　黄淮海平原 4 个季节最高气温时序变化特点（1961~2014 年）

Figure 2-12　The anomaly for averagely annual maximum temperature in spring, summer, autumn and winter during 1961–2014 in the Huang-Huai-Hai Plain

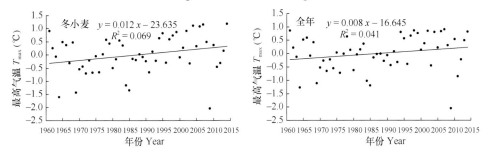

图 2-13　黄淮海平原冬小麦生长季和全年最高气温时序变化特点（1961~2014 年）

Figure 2-13　The anomaly for averagely annual maximum temperature in winter wheat season and whole year during 1961–2014 in the Huang-Huai-Hai Plain

二、气温的突变特征

使用 Mann-Kendall 非参数检验方法，对 1961~2014 年黄淮海平原平均气温、最低气温和最高气温变化趋势进行突变检测，给定显著性水平为 0.05。由图 2-14 中原始序列曲线（实线）可以看出，春季平均气温在 20 世纪 90 年代以前较低，之后逐渐升高，且增温趋势明显，根据原序列与反序列曲线（虚线）交点的位置，可以确定 1998 年开始发生平均气温由低到高的突变，突变年后，平均气温增加了 1.12℃。秋季平均气温在 1994 年开始发生由低到高的突变，突变年后，平均气温增加了 0.72℃。冬季平均气温在 1986 年开始发生由低到高的突变，突变年后，平均气温增加了 1.08℃。由图 2-15 可以看出，冬小麦生长季和全年平均气温分别在 1989 年和 1992 年开始发生由低到高的突变，突变年后，平均气温分别升高了 0.82℃和 0.78℃。

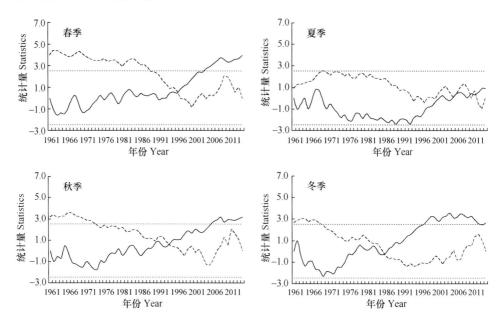

图 2-14　黄淮海平原 4 个季节平均气温的 Mann-Kendall 突变检验曲线（1961~2014 年）

Figure 2-14　Mann-Kendall statistic curve of average temperature in spring, summer, autumn and winter during 1961–2014 in the Huang-Huai-Hai Plain

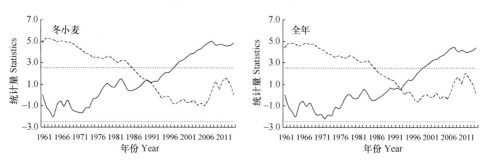

图 2-15　黄淮海平原冬小麦生长季和全年平均气温的 Mann-Kendall 突变检验曲线（1961~2014 年）

Figure 2-15　Mann-Kendall statistic curve of average temperature in winter wheat season and whole year during 1961–2014 in the Huang-Huai-Hai Plain

　　由图 2-16 中原始序列曲线（实线）可以看出，春季最低气温在 20 世纪 90 年代以前较低，之后逐渐升高，且增温趋势明显，根据原序列与反序列曲线（虚线）交点的位置，可以确定 1994 年开始发生由低到高的突变，突变年后，平均气温增加了 1.44℃。夏季最低气温在 1998 年开始发生由低到高的突变，突变年后，平均气温增加了 0.79℃。秋季最低气温在 1996 年开始发生由低到高的突变，突变年后，平均气温增加了 1.11℃。冬季最低气温在 1986 年开始发生由低到高的突变，突变年后，平均最低气温增加了 1.66℃。由图 2-17 可以看出，冬小麦生长季和全年平均最低气温分别在 1989 年和 1992 年开始发生由低到高的突变，突变年后，平均最低气温分别升高了 1.23℃和 1.18℃。

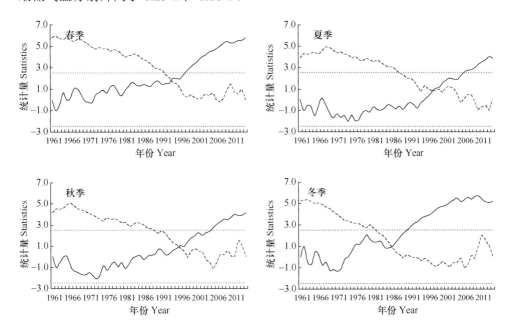

图 2-16　黄淮海平原 4 个季节最低气温的 Mann-Kendall 突变检验曲线（1961~2014 年）
Figure 2-16　Mann-Kendall statistic curve of minimum temperature in spring, summer, autumn and winter during 1961–2014 in the Huang-Huai-Hai Plain

由图 2-18 可见，春季、夏季、秋季和冬季最高气温在 1961~1974 年、1961~1992 年、1961~1986 年和 1961~1970 年为温度较低时期，无突变发生，之前温度由高降低，之后温度逐渐升高，根据原序列与反序列曲线（虚线）交点的位置，可以确定 1980/1981 年、1998/1999 年、1993/1994 年以及 1980/1981 年最高气温开始发生由低到高的突变，从突变年开始，最高气温明显升高并得以持续，突变后比突变前分别升高了 0.55℃、0.56℃、0.66℃和 0.91℃；由图 2-19 可见冬小麦生长季和全年最高气温同样都在 1993/1994 年发生了由低到高的突变，突变后比突变前分别升高了 1.01℃和 0.83℃。

三、气温的空间分布特征

热量是影响农作物生长发育重要的气象因素之一，与农作物生长发育有着密

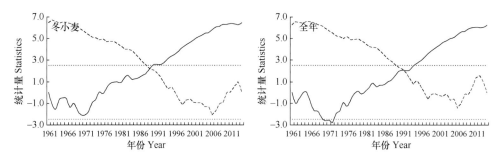

图 2-17 黄淮海平原冬小麦生长季和全年最低气温的 Mann-Kendall
突变检验曲线（1961~2014 年）

Figure 2-17 Mann-Kendall statistic curve of minimum temperature in winter wheat season and
whole year during 1961–2014 in the Huang-Huai-Hai Plain

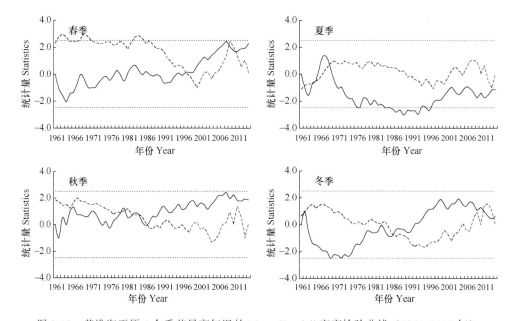

图 2-18 黄淮海平原 4 个季节最高气温的 Mann-Kendall 突变检验曲线（1961~2014 年）
Figure 2-18 Mann-Kendall statistic curve of maximum temperature in spring, summer, autumn and
winter during 1961–2014 in the Huang-Huai-Hai Plain

切的关系，通常以平均气温作为衡量热量资源的重要指标。黄淮海平原春季和
夏季的平均气温呈现了东北到西南逐渐增加的变化趋势，区域平均温度分别为
14.1℃和 25.9℃，增温幅度较大的站点主要分布在研究区的北部。秋季和冬季
平均气温都呈现了从北到南逐渐增加的变化趋势，区域平均温度分别为 14.3℃
和 0.9℃，增温幅度较大的站点分别主要分布在研究区的西南部和北部。冬小
麦生长季和全年尺度平均气温都呈现从西南到东北逐渐减小的变化趋势，区域

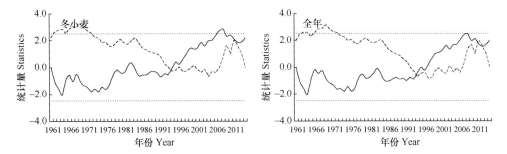

图 2-19　黄淮海平原冬小麦生长季和全年最高气温的 Mann-Kendall
突变检验曲线（1961~2014 年）

Figure 2-19　Mann-Kendall statistic curve of maximum temperature in winter wheat season and whole year during 1961–2014 in the Huang-Huai-Hai Plain

平均温度分别为 10.2℃ 和 13.9℃，冬小麦生长季增温幅度较大的站点比较分散，全年尺度增温幅度较大的站点则主要分布在研究区的西南部和北部（图 2-20 和图 2-21）。

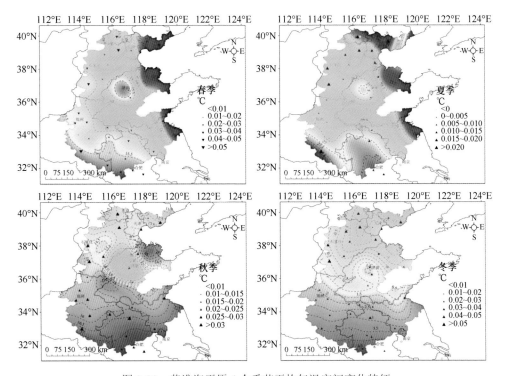

图 2-20　黄淮海平原 4 个季节平均气温空间变化特征

Figure 2-20　The spatial pattern of mean temperature in spring, summer, autumn and winter in the Huang-Huai-Hai Plain

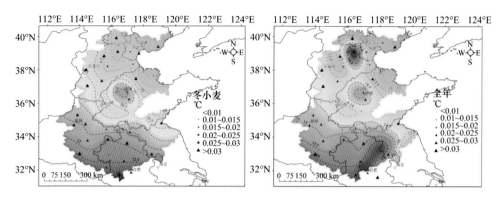

图 2-21　黄淮海平原冬小麦生长季和全年平均气温空间变化特征

Figure 2-21　The spatial pattern of mean temperature in winter wheat reason and whole year in the Huang-Huai-Hai Plain

　　由图 2-22 可见，黄淮海平原 4 个季节最低气温基本都呈现了从北到南逐渐增加的变化趋势，区域平均最低温度分别为 8.8℃、21.8℃、9.8℃和−3.7℃，增温幅度较大的站点都主要分布在研究区的北部和西南部。冬小麦生长季和全年尺度最低气温同样都呈现从南到北逐渐减小的变化趋势，区域平均最低温度分别为

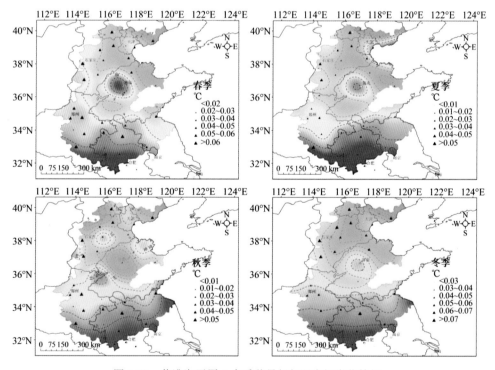

图 2-22　黄淮海平原 4 个季节最低气温空间变化特征

Figure 2-22　The spatial pattern of minimum temperature in spring, summer, autumn and winter in the Huang-Huai-Hai Plain

5.4℃和 9.4℃，增温幅度较大的站点基本上都主要分布在研究区的西南部和北部（图 2-23）。

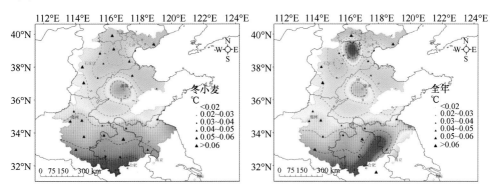

图 2-23　黄淮海平原冬小麦生长季和全年最低气温空间变化特征

Figure 2-23　The spatial pattern of minimum temperature in winter wheat reason and whole year in the Huang-Huai-Hai Plain

　　由图 2-24 可见，黄淮海平原春季和夏季的最高气温呈现了东北到西南逐渐增加的变化趋势，区域平均最高温度分别为 19.7℃和 30.6℃，增温幅度较大的站点

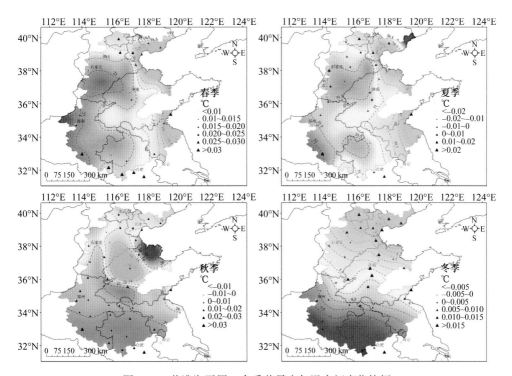

图 2-24　黄淮海平原 4 个季节最高气温空间变化特征

Figure 2-24　The spatial pattern of maximum temperature in spring, summer, autumn and winter in the Huang-Huai-Hai Plain

主要分布在研究区的北部。秋季和冬季最高气温都呈现了从东北到西南逐渐增加的变化趋势，区域平均温度分别为 19.3℃和 5.4℃，增温幅度较大的站点分别主要分布在研究区的西南部和东北部。冬小麦生长季和全年尺度最高气温都呈现从西南到东北逐渐减小的变化趋势，区域平均最高温度分别为 15.5℃和18.9℃，冬小麦生长季和全年尺度增温幅度较大的站点主要集中分布在研究区的东北部（图 2-25）。

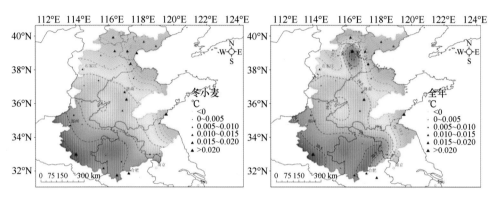

图 2-25　黄淮海平原冬小麦生长季和全年最高气温空间变化特征

Figure 2-25　The spatial pattern of maximum temperature in winter wheat reason and whole year in the Huang-Huai-Hai Plain

（本节作者：居　辉　陈敏鹏　李迎春）

第四节　降水量变化特征

一、降水量的时序变化

水分是作物生长发育的一个重要的环境因子，它与光热资源配合的适宜程度决定了农业气候资源优劣和农业生产条件的好坏。在计算黄淮海平原降水量距平值的基础上，分析春、夏、秋、冬 4 个季节以及冬小麦生长季和全年降水量的变化趋势。从图 2-26 可以看出，春、夏、秋、冬 4 个季节降水量平均值分别为 67.0 mm、194.7 mm、69.4 mm 和 23.9 mm，分别在 1964 年（119.8 mm）、1963 年（282.6 mm）、2003 年（131.1 mm）和 2001 年（62.1 mm）最多，在 2001年（23.3 mm）、1997 年（113.1 mm）、1998 年（25.9 mm）和 1999 年（5.6 mm）时最少。

从图 2-27 可以看出，冬小麦生长季和全年降水量平均值分别为 486.6 mm 和573.2 mm，冬小麦生长季降水量占全年的 84.9%左右，分别在 1964 年（515.9 mm）和 2003 年（245.8 mm）时值最多，在 2010 年（264.2 mm）和 2010 年（103.6 mm）时最少，冬小麦生长季和全年降水量线性倾向值分别为–0.22 mm·a^{-1} 和–0.43 mm·a^{-1}，

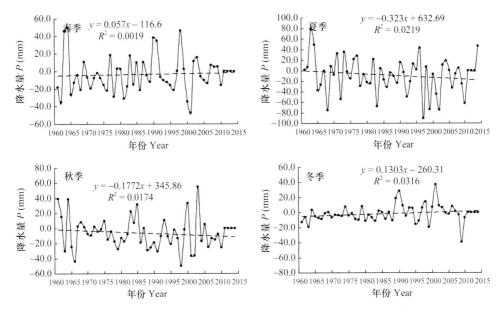

图 2-26　黄淮海平原 4 个季节降水量时序变化特点（1961~2014 年）

Figure 2-26　The anomaly for averagely precipitation in spring, summer, autumn and winter during 1961–2014 in the Huang-Huai-Hai Plain

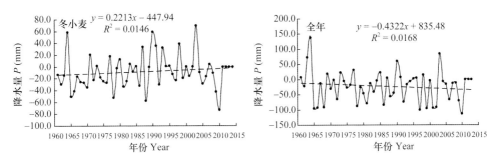

图 2-27　黄淮海平原冬小麦生长季和全年降水量时序变化特点（1961~2014 年）

Figure 2-27　The anomaly for averagely precipitation in winter wheat season and whole year during 1961–2014 in the Huang-Huai-Hai Plain

但没通过显著性检验。全年降水量下降速率分别是春季、秋季和冬小麦生长季的 2.82 倍、1.82 倍和 1.95 倍。

二、降水量的空间分布格局

相比较而言，作物生育期内降水比全年降水量对作物更直接有效，而且年降水量空间分布高值区并不一定是作物生育期内降水量空间分布高值区，低值区也一样。采用 Kriging 插值方法对黄淮海平原 4 个季节、冬小麦生长季和全年 6 个尺度降水量进行空间化，绘制了黄淮海平原 4 个季节、冬小麦生长季和全年空间分布图（图 2-28 和图 2-29）。黄淮海平原春季和夏季降水量基本呈现了从东南向西北递增的变化趋势，区域多年降水量平均值为 65.2 mm 和 161.6 mm，降水量减幅较大的站点分别分布在研究区的西部和东北部。秋季降水量在河北、山东和河南三省交界处存在一个大于 100 mm 的高值区，冬季降水量呈现了从

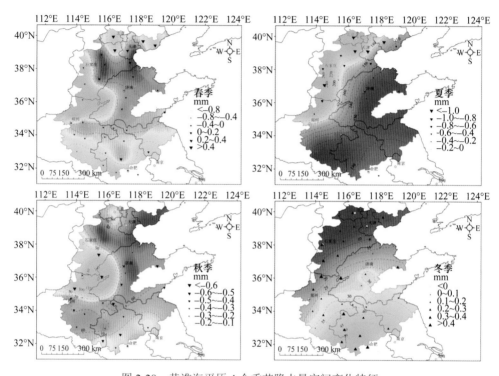

图 2-28　黄淮海平原 4 个季节降水量空间变化特征

Figure 2-28　The spatial pattern of averagely precipitation in spring, summer, autumn and winter in the Huang-Huai-Hai Plain

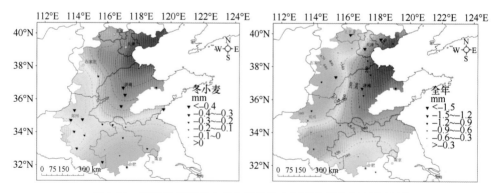

图 2-29　黄淮海平原冬小麦生长季和全年降水量空间变化特征

Figure 2-29　The spatial pattern of averagely precipitation in winter wheat reason and whole year in the Huang-Huai-Hai Plain

南到北递减的变化趋势，秋季降水量减幅较大的站点分布在研究区西南部，冬季降水量增幅较大的站点分布在研究区的南部和西北部。冬小麦生长季降水量呈现从南到北递减的变化趋势，区域平均降水量为 156.2 mm，减幅较大的站点主要分布在研究区的中部地带。全年尺度的降水量呈现从东南到西北递增的变化趋势，区域平均降水为 317.7 mm，降水量减幅较大的站点分布在研究区东北部。

（本节作者：居　辉　韩　雪　姜　帅）

第五节　潜在蒸散量变化及其气候影响因素

蒸散发是评价气候干旱程度、植被耗水量、作物生产潜力以及水资源供需平衡的重要指标之一（Xu and Singh，2005），尤其在估算作物需水量、评价农业水分资源、制定合理灌溉制度和预报作物产量中发挥着不可或缺的作用（Allen et al.，1998；谢贤群和王菱，2007；张山清和普宗朝，2011）。因此，关于潜在蒸散量（ET_0）的研究一直是国内外学者关注的热点。目前计算 ET_0 的模型较多，联合国粮食及农业组织（FAO）于 1998 年推出的修正 Penman-Monteith 方程是应用最为广泛的计算方法之一（谢贤群和王菱，2007；张山清和普宗朝，2011）。近几十年来，在全球气候变化的大背景下，科学工作者对潜在蒸散量开展了广泛研究并取得很多研究成果（Peterson et al.，1995；Chattopadlhyay and Hulme，1997；刘勤等，2012；段春锋等，2011；姬兴杰等，2013；李春强等，2008）。近年随着研究的不断深入以及基于定量分析的需求，敏感性分析方法被引入潜在蒸散量变化原因的分析中，曾丽红等（2012）研究表明，东北地区 ET_0 对气温最敏感，张调风等（2013）研究认为黄土高原地区生长季 ET_0 对实际水汽压最敏感，刘小莽等（2009）、王晓东等（2013a，2013b）、杜加强等（2012）分别对海河流域、淮河流域和黄河上游 ET_0 的气象要素敏感性进行了分析研究；刘昌明和张丹（2011）对中国 1960~2007 年十大流域片区的 ET_0 及其对气候要素的敏感性研究认为，黄河流域 ET_0 对最高气温最为敏感。由此可见，由于研究方法和时段的差异，以及气象因子本身极强的随机性和相互之间的关联，不同地区潜在蒸散量对气象因子的敏感性有所区别。为此，在全球变化和人类活动的剧烈干扰背景下，尝试在黄淮海平原 54 年时间尺度上，以 40 个站点逐日气象资料计算并比较研究各潜在蒸散量的时空变化特征及敏感性，以期为指导黄淮海平原农业种植结构调整和生态工程科学布局、合理开发调配水土资源提供依据。

一、潜在蒸散量的时序变化

为了研究长时间序列内年潜在蒸散量的演变情况，运用 Penman-Monteith 公式计算黄淮海平原潜在蒸散量的基础上，分析春、夏、秋、冬 4 个季节，以及冬小麦生长季和全年潜在蒸散量的变化趋势。从图 2-30 可以看出，春、夏、秋、冬 4 个季节潜在蒸散量平均值分别为 322.5 mm、410.5 mm、206.7 mm 和 101.3mm，分别在 1962 年（376.9 mm）、1968 年（479.9 mm）、1966 年（242.8 mm）和 1963 年（131.4 mm）最高，在 1964 年（256.5 mm）、2008 年（352.3 mm）、1964 年（172.5 mm）和 2009 年（75.4 mm）时最低，4 个季节潜在蒸散量都呈下降趋势，线性倾向值分别为 –0.02 mm·a^{-1}、–1.06 mm·a^{-1}、–0.14 mm·a^{-1} 和 –0.23 mm·a^{-1}，只有夏季潜在蒸散量下降趋势通过了显著性检验（$P<0.01$）。

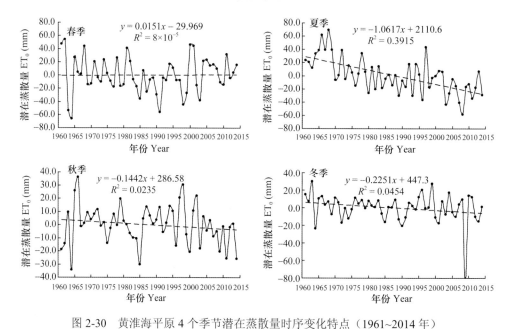

图 2-30 黄淮海平原 4 个季节潜在蒸散量时序变化特点（1961~2014 年）
Figure 2-30 The anomaly for averagely potential evapotranspiration in spring, summer, autumn and winter during 1961–2014 in the Huang-Huai-Hai Plain

从图 2-31 可以看出，冬小麦生长季和全年潜在蒸散量平均值分别为 686.1 mm 和 1041.0 mm，冬小麦生长季潜在蒸散量占全年的 65.9%左右，都在 1968 年（776.0 mm 和 1162.2 mm）值最大，且都是在 2009 年（591.2 mm 和 908.0 mm）时最小，冬小麦生长季和全年潜在蒸散量呈显著下降趋势，线性倾向值分别为 –0.75 mm·a^{-1} 和 –1.44 mm·a^{-1}（$P<0.05$），冬小麦生长季减少的速率约为全年的 49.3%。

　　使用 Mann-Kendall 非参数检验方法，对 1961~2014 年黄淮海平原潜在蒸散量序列进行突变检测，给定显著性水平为 0.05。由图 2-32 中原始序列曲线（实线）可以看出，夏季潜在蒸散量在 1979 年以前较高，之后逐渐降低，且降低趋势明显，根据原序列与反序列曲线（虚线）交点的位置，可以确定 1979 年开始发生潜在蒸散量由多到少的突变，突变年后，潜在蒸散量减少 33.7 mm。春季、秋季和冬季潜在蒸散量突变特征不明显。由图 2-33 可以看出，冬小麦生长季和全年潜在蒸散量分别在 1972 年和 1974 年开始发生由高到低的突变，突变年后，潜在蒸散量分别减少 31.7 mm 和 50.8 mm。

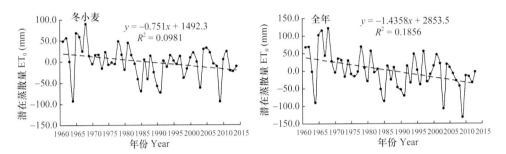

图 2-31　黄淮海平原冬小麦生长季和全年潜在蒸散量时序变化特点（1961~2014 年）

Figure 2-31　The anomaly for averagely potential evapotranspiration in winter wheat season and whole year during 1961–2014 in the Huang-Huai-Hai Plain

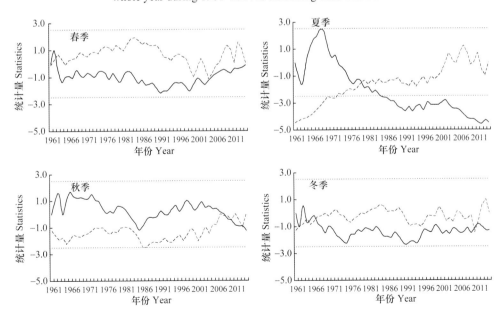

图 2-32　黄淮海平原 4 个季节潜在蒸散量的 Mann-Kendall 突变检验曲线（1961~2014 年）

Figure 2-32　Mann-Kendall statistic curve of potential evapotranspiration in spring, summer, autumn and winter during 1961–2014 in the Huang-Huai-Hai Plain

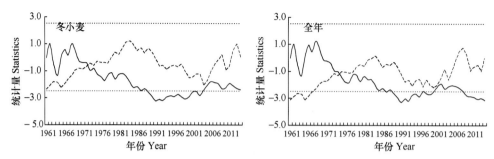

图 2-33　黄淮海平原冬小麦生长季和全年潜在蒸散量的 Mann-Kendall
突变检验曲线（1961~2014 年）

Figure 2-33　Mann-Kendall statistic curve of potential evapotranspiration in winter wheat season and
whole year during 1961–2014 in the Huang-Huai-Hai Plain

二、潜在蒸散量的空间分布格局

由图 2-34 所示，黄淮海平原春季、夏季和秋季潜在蒸散量基本呈现了从南到北逐渐增加的变化趋势，多年平均潜在蒸散量分别为 327.6 mm、413.9 mm 和 205.1 mm，大部分地区潜在蒸散量分别在 280~370 mm、375~450 mm 和

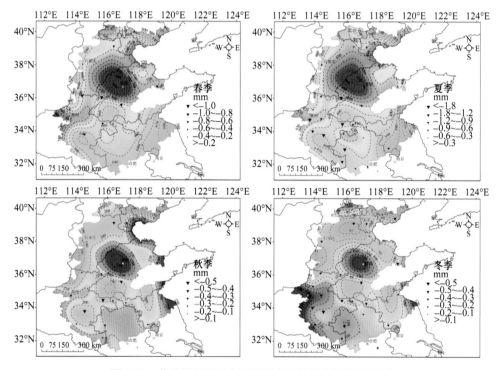

图 2-34　黄淮海平原 4 个季节潜在蒸散量空间变化特征

Figure 2-34　The spatial pattern of potential evapotranspiration in spring, summer, autumn and
winter in the Huang-Huai-Hai Plain

187~221 mm，减少幅度较大的站点主要分布在研究区西南部。由图 2-35 可知，冬小麦生长季和全年潜在蒸散量空间分布特征和春季、夏季和秋季 3 个季节基本相似，都是基本呈现了从南到北逐渐增加的变化趋势，多年平均潜在蒸散量分别为 692.8 mm 和 1047.8 mm，大部分地区在 635~752 mm 和 960~1100 mm，具体来讲，黄淮海平原冬小麦生长季大于 750 mm 和全年大于 1100 mm 主要分布在山东和河北交界地区。

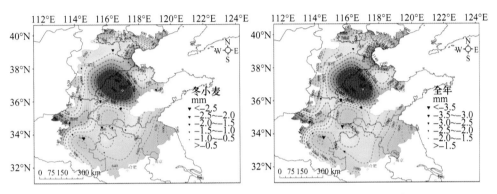

图 2-35　黄淮海平原冬小麦生长季和全年潜在蒸散量空间变化特征

Figure 2-35　The spatial pattern of potential evapotranspiration in winter wheat reason and whole year in the Huang-Huai-Hai Plain

三、潜在蒸散量气候敏感系数

由黄淮海平原潜在蒸散量的 4 个气象要素敏感系数及年际变化趋势（表 2-1）可以看出，春季、夏季、冬小麦生长季和全年 ET_0 对太阳辐射量最敏感，秋季和全年 ET_0 分别对相对湿度和风速最敏感。ET_0 对太阳辐射呈正向敏感，对相对湿度呈负向敏感，且敏感性在时间序列上呈减弱趋势；ET_0 对温度和风速分别呈负向和正向敏感，在时间序列上呈增强趋势。

四、潜在蒸散量对气候变化的响应

尽管气候敏感系数有利于识别不同气候因子变化对 ET_0 影响的重要性，但由于不同气候因子的变化特征不同，要区分过去 54 年 ET_0 的变化主要由哪个气候因子引起，仍需要进一步研究。运用多元回归分析研究区域近 54 年分析期 ET_0 值与同期气候因子相关系数的计算结果表明（表 2-2），ET_0 与 4 个气象要素的相关性都达到了 0.01 的显著性水平。春季和冬季的 ET_0 与相对湿度相关性最高，夏季、秋季、冬小麦生长季和全年 ET_0 则与太阳辐射量相关性最强。

表 2-1 黄淮海平原 4 个季节、冬小麦生长季和全年潜在蒸散量敏感系数及年际变化趋势（1961~2014 年）

Table 2-1 The sensitivity coefficient of the key meteorological variables for potential evapotranspiration in selected four seasons, winter wheat growing season and entire year over the Huang-Huai-Hai Plain (1961–2014)

系数 coefficient	春季 Spring		夏季 Summer		秋季 Autumn		冬季 Winter		冬小麦生长季 Winter wheat growing season		全年 Entire year	
	数值 Value	变化率 Slope	数值 Value	变化率 Slope	数值 Value	变化率 Slope	数值 Value	变化率 Slope	数值 Value	变化率 Slope	数值 Value	变化率 Slope
温度敏感系数 The sensitivity coefficient of air temperature	-0.22	-0.013**	-0.64	-0.010**	-0.28	-0.014**	0.08	-0.015	-0.16	-0.014**	-0.27	-0.013**
大阳辐射量敏感系数 The sensitivity coefficient of solar radiation	0.48	-0.004**	0.69	-0.007**	0.40	-0.007**	0.13	-0.003**	0.34	-0.004**	0.42	-0.005**
相对湿度敏感系数 The sensitivity coefficient of relative humidity	-0.44	0.040**	-0.07	-0.001**	-0.51	0.017**	-0.07	0.005	-0.11	0.007**	-0.11	0.007**
风速敏感系数 The sensitivity coefficient of wind speed	0.13	0.012**	0.07	0.007**	0.17	0.012**	0.25	0.012**	0.19	0.011**	0.16	0.011**

**表示通过了显著水平 0.01 的检验

**indicates a significance level of 0.01

表 2-2　黄淮海平原 4 个季节、冬小麦生长季和全年潜在蒸散量对气候变化的响应
Table 2-2　The response of potential evapotranspiration in four seasons, winter wheat growing season and entire year to climate change over the Huang-Huai-Hai Plain

季节 Seasons	平均温度 Air temperature （℃）	太阳辐射量 Solar radiation （MJ·m^{-2}）	相对湿度 Relative humidity （%）	风速 Wind speed （m·s^{-1}）
春季 Spring	0.33**	0	−0.86**	0.43**
夏季 Summer	0.49**	0.67**	−0.48**	0.29**
秋季 Autumn	0.47**	0.63**	−0.60**	0.23**
冬季 Winter	−0.02**	0.20**	−0.38**	−0.02**
冬小麦生长季 Winter wheat growing season	0.41**	0.71**	−0.48**	0.25**
全年 Entire year	0.22	0.59**	−0.46**	0.20*

*和**分别表示通过了显著水平 0.05 和 0.01 的检验
*indicates a significance level of 0.05, and ** indicates a significance level of 0.01

（本节作者：刘　勤　林而达　居　辉）

第六节　降蒸差的时空变化特征

IPCC 第五次评估报告（IPCC，2013）指出，1983~2012 年是 1400 年来最热的 30 年，1880~2012 年，全球地表平均温度升高了约 0.85℃。中国的气候变暖趋势与全球一致，1913 年以来，地表平均温度上升了 0.91℃，尤其是最近 60 年平均每 10 年升高 0.23℃，21 世纪前 10 年是近百年来最暖的 10 年（WMO，2013）。气候变暖不争的事实使与之相关的科学研究成为热点。降水量与同期农田潜在蒸散量差值（简称降蒸差，亦称为气候水分盈亏量）是具有天气学意义的复合气候要素，能从降水、光照、湿度、风速和温度等条件综合反映某一地区降蒸差，比降水量更具有生物学意义和实际生产意义（金龙和罗莹，1992）。气候降蒸差可以较好地反映区域农业水分条件和生产条件的好坏，当区域降水能满足蒸发所需要的水分时，水分有盈余，为气候上的湿润季节，说明农业生产条件较好；不能满足时则水分有亏缺，为气候上的干旱季节，生产上可视亏缺程度适时补充灌溉（陆渝蓉等，1979）。因此，降蒸差被认为是气候学上度量区域农业旱涝程度的重要指标，得到广泛应用（史建国等，2008；邵晓梅等，2007；陶毓汾等，1993；王晓东等，2013a，2013b）。曾丽红等（2012）采用 P-M 模型计算潜在蒸散量，分析得出中国东北地区多年平均水分盈亏量在 −850~650 mm 变化，呈自东向西、自北向南、自东北向西南逐渐减少的空间变化趋势；年水分盈亏量呈下降趋势，年内分配不均匀，最小值出现在 5 月，最大值出现在 7 月、8 月；小波分析表明水分盈亏量存在周期结构性。姚晓军等

（2013）研究西北地区水分盈亏量时空特征表明，西北地区大部分区域水分盈亏量为负值，呈由东南和西北两侧向中部逐渐减小的空间格局；各季节水分盈亏量变化存在一定的差异性，其中春季、夏季、冬季 3 个季节水分盈亏量呈上升趋势，而在秋季呈下降趋势，同时，水分盈亏量亦存在周期性振荡。邵晓梅等（2007）和姚玉龙等（2014）采用同样方法分别分析了黄河流域和甘肃省水分盈亏的时空格局。

黄淮海平原地处东亚季风气候区半湿润带（黄让堂，1990），是中国重要的粮食生产基地，种植制度以冬小麦夏玉米轮作为主，作物面积和粮食产量分别占全国的 21.2% 和 24.7%，水资源是制约该区农业生产的重要因素之一（程琨等，2011）。降蒸差的大小取决于研究区降水量与潜在蒸散量的对比关系。黄淮海平原年、季降水量分布为由东南到西北递减趋势，年内分布不均，主要集中在夏季（谭方颖等，2009）；另外，气象要素的季节性变化导致该区潜在蒸散量亦呈季节性差异，主要表现为夏季最高，春秋次之，冬季最少（Yang et al.，2013；徐建文等，2014）。降水量与潜在蒸散量的季节性差异势必导致降蒸差的季节性差异，有必要分析各季节降蒸差的空间分布特征。目前关于黄淮海平原降蒸差研究较少，研究尺度在个别区域或站点（李又君等，2012；莫兴国等，2011）。李又君等（2012）和龚宇等（2009）分别分析了唐山及鲁西降蒸差的气候变化特征，但他们采用高桥浩一郎的方法计算陆面蒸发，无法与中国其他区域进行比较。本节利用 1961~2013 年逐日气象数据，采用 P-M 模型计算逐日潜在蒸散量 ET_0，应用降水与潜在蒸散量差值揭示黄淮海平原 54 年水资源气候变化特征，以期为该区域农业水资源有效利用、合理调配和科学管理提供依据。

一、降蒸差的空间分布特征

图 2-36 给出了黄淮海平原 1961~2013 年各季节平均降蒸差的区域分布。总体来看，除夏季外各季节降蒸差呈全区域性小于 0 mm，表明该区水资源短缺是一种普遍现象。具体来说，夏季降蒸差最高，平均为 0.67 mm，西北至东南呈递增趋势，在 -142~174 mm 变化；秋、冬季次之，多年平均降蒸差分别为 -80.60 mm 和 -66.22 mm，区域分布亦呈南北分布，由北至南分别为 -156~0 mm 和 -103~0 mm；春季最低，多年平均值为 -210.61 mm，远低于其他季节，区域分布由北至南为 -310~0 mm。降蒸差的季节分布与该区干旱的季节变化一致（徐建文等，2014），充分说明黄淮海平原春季是干旱发生最严重的季节，且北部发生干旱的风险高于南部。

从站点变化率来看（图 2-37），降蒸差变化存在季节差异和南北差异。春季，平原南部的江苏、安徽两地呈下降趋势，仅有 1 个站点达到显著性水平，平原北

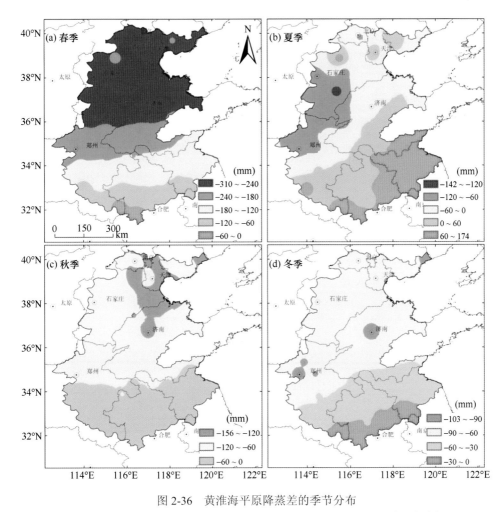

图 2-36　黄淮海平原降蒸差的季节分布

Figure 2-36　Seasonal distribution of water deficit in the Huang-Huai-Hai Plain

部的河南大部、山东、河北及京津冀呈上升趋势，且在平原中部存在 13 个变化显著的站点；与春季不同，夏季平原北部环京津冀降蒸差呈下降趋势，其中唐山、乐亭两地显著降低，其余大部呈上升趋势，河南郑州、开封、商丘和西华及安徽砀山、阜阳和六安显著上升；与夏季相反，秋季平原北部环京津冀 7 个站点（北京、天津、塘沽、唐山、保定、廊坊和乐亭）降蒸差呈显著上升趋势，河北地区另有 4 个站点呈不显著上升，平原南部包括山东、河南、安徽及江苏呈下降趋势，仅郑州、新乡、驻马店、许昌和六安达到显著性下降水平；冬季总体呈上升趋势，平原北部零星分布着 7 个呈降低趋势的站点，达到显著上升水平的站点主要分布在平原南部的江苏、安徽和河南，平原北部亦分布着 3 个显著上升的站点。总体来看，黄淮海平原大部地区降蒸差变化在春季、夏季、冬季呈上升趋势，秋季仅京津冀一带显著上升。

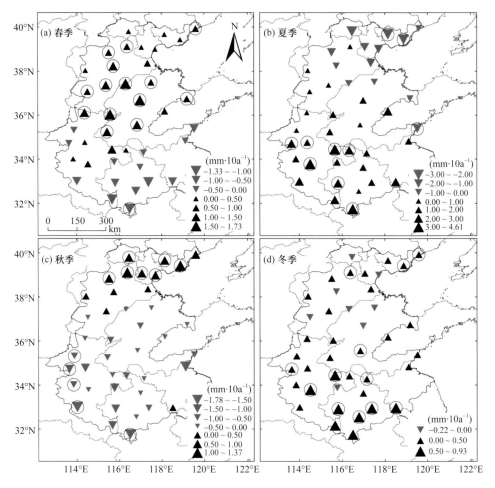

图 2-37 黄淮海平原各站点降蒸差变化倾向率的季节分布

Figure 2-37 Station tendency rate of water deficit in the Huang-Huai-Hai Plain

"○"标记为变化率达到显著性水平

Note: Black circles indicate statistical significant trends at $P = 0.05$ levels

二、降蒸差的季节变化

为了充分分析降水量、潜在蒸散量和降蒸差的对比关系以及年际变化趋势，下面以农业亚区为研究单元，以四季为研究尺度对各亚区不同季节降蒸差大小的分析结果见表 2-3。由表 2-3 可见，Ⅰ~Ⅵ区年降水量分别为 655.4 mm、539.7 mm、530.0 mm、618.4 mm、765.4 mm 和 1000.5 mm，年蒸散量在（1065±43）mm 波动，可见各区年降水不足以蒸散，各区降水量差异直接决定年降蒸差差异；与降水量分布一致，降蒸差也表现为Ⅵ区最高，为−21.6 mm，Ⅲ区最低，为−560.4 mm，其余各区由高到低依次为Ⅴ、Ⅰ、Ⅳ和Ⅱ区，分别为−284.2 mm、−391.5 mm、

表 2-3 各亚区降蒸差季节分量及其变化率

Table 2-3 Seasonal value of precipitation, potential evapotranspiration and water deficit in 6 sub-regions

		降水量 Precipitation		潜在蒸散量 Potential evapotranspiration		降蒸差 Precipitation deficit	
		均值 Mean value (mm)	变化率 Slope (mm·a^{-1})	均值 Mean value (mm)	变化率 Slope (mm·a^{-1})	均值 Mean value (mm)	变化率 Slope (mm·a^{-1})
全年 Entire year	I	655.4	−1.78	1046.8	−0.92[*]	−391.5	−0.93
	II	539.7	−0.32	1049.8	−1.68[**]	−510.1	1.41
	III	530.0	−0.68	1090.5	−2.42[**]	−560.4	1.39
	IV	618.4	−0.19	1108.6	−2.3[**]	−490.2	2.18[*]
	V	765.4	−0.65	1049.5	−2.16[**]	−284.2	1.6
	VI	1000.5	−0.20	1022.2	−0.51	−21.6	0.42
春季 Spring	I	87.3	0.33	329.7	0.05	−242.5	0.34
	II	75.3	0.32	338.4	−0.36	−263.1	0.73
	III	70.3	0.46	356.5	−0.76[*]	−286.2	1.34[*]
	IV	97.2	0.37	356.2	−0.6[**]	−259.1	1.25[*]
	V	145.6	−0.07	315.1	−0.29	−169.5	0.12
	VI	222.8	−0.46	292.9	0.63[*]	−70.1	−1.08
夏季 Summer	I	443.8	−2.30[**]	404.4	−0.64[**]	39.4	−1.76[*]
	II	347.8	−0.30	418.9	−1.03[**]	−71.1	0.51
	III	355.9	−1.44	434.4	−1.21[**]	−78.5	−0.23
	IV	435.3	−0.23	427.0	−1.16[**]	8.3	0.74
	V	418.6	0.63	415.3	−1.45[**]	3.3	1.86[*]
	VI	491.6	1.05	406.1	−1.03[**]	85.4	2.04
秋季 Autumn	I	104.6	0.02	214.5	−0.20	−109.9	0.19
	II	101.2	−0.28	195.6	−0.15	−94.4	−0.08
	III	89.5	−0.17	204.6	−0.25[*]	−115.2	0.03
	IV	122.2	−0.60	218.6	−0.33[*]	−96.4	−0.35
	V	154.6	−0.88	208.9	−0.20	−54.3	−0.77
	VI	192.3	−0.55	215.4	0.03	−23.1	−0.60
冬季 Winter	I	19.7	−0.02	96.8	−0.15	−77.2	0.20
	II	15.4	−0.02	95.3	−0.12	−79.9	0.15
	III	14.3	−0.08	93.3	−0.17	−79.0	0.07
	IV	26.5	−0.08	104.9	−0.17	−78.3	0.22
	V	46.5	−0.01	108.4	−0.26	−61.9	0.42
	VI	93.4	0.55	106.2	−0.13	−12.8	0.69

*，**分别表示变化率达到 0.05 和 0.01 显著性水平

*，**represents trend significant level at 0.05 and 0.01 respectively

–490.2 mm 和–510.1 mm。各区降水量季节差异明显，Ⅰ~Ⅵ区夏季降水分别占全年降水量的67.7%、64.4%、67.2%、70.4%、54.7%和49.1%；潜在蒸散量季节性差异亦明显，夏季最高，春、秋两季其次，冬季最低，同季节各区潜在蒸散量差异不大，春、夏、秋、冬各季在（324±32）mm、（419±15）mm、（207±11）mm 和（200±8）mm 波动；受降水量、潜在蒸散量季节分布共同作用，各区降蒸差季节性差异明显，夏季最高，Ⅰ~Ⅵ区依次为39.4 mm、–71.1 mm、–78.5 mm、8.3 mm、3.3 mm 和85.4 mm，个别区域降水有盈余，春季最低，依次为–242.5 mm、–263.1 mm、–286.2 mm、–259.1 mm、–169.5 mm 和–70.07 mm。

从各分量变化率来看，Ⅰ~Ⅵ区年降水量呈弱的下降趋势，变化率依次为 –1.8 mm·a^{-1}、–0.3 mm·a^{-1}、–0.7 mm·a^{-1}、–0.2 mm·a^{-1}、–0.7 mm·a^{-1} 和–0.2mm·a^{-1}；年蒸散量呈显著下降趋势（Ⅵ区除外），变化率依次为–0.9 mm·a^{-1}、–1.7 mm·a^{-1}、–2.4 mm·a^{-1}、–2.3 mm·a^{-1}、–2.2 mm·a^{-1} 和–0.5mm·a^{-1}；除Ⅰ区外，蒸散量的降低幅度大于降水量的下降幅度，因此年降蒸差年际变化倾向率呈上升趋势。同理，各季节降蒸差变化率亦表现为上升趋势，值得注意的是秋季各区（除Ⅰ区）表现为集体的降低趋势，这与图 2-37 中站点变化率分布一致。

三、降蒸差的周期变化特征

在消除序列边界效应基础上利用Matlab小波工具箱中的Morlet复小波函数对延伸后的数据序列进行小波变换，将小波系数实部以等值线形式投影到以年份为横坐标、时间尺度为纵坐标的二维平面上，结果如图 2-38 所示。从图 2-38 可以看出，各农业亚区年降蒸差时序数据存在明显的周期振荡特征，不同时间尺度对应的振荡结构存在差别，在大的周期振荡下存在复杂的短周期镶嵌，周期结构特征表现为：①在 26~30 年时间尺度上，各区降蒸差表现为明显的周期振荡特征，出现 3 次"负—正"的交替过程，表明降蒸差自 1961 年以来共经历了 3 次偏低—偏高的循环过程；②该尺度各亚区 2013 年以后小波系数实部为负等值线区，正经历降蒸差由偏高至偏低的急剧变化时期，表明整个黄淮海平原将面临干旱加重的趋势，应有效解决农业灌溉需水问题，提高旱情监测预报能力，以确保农业需水；③各区还存在 16~20 年的振荡周期，振荡的结构性与连续性较差，自 1965 年出现 4 次"正—负"交替过程，该时间尺度下各区 2013 年恰好处于实部等值线由正转负的过程中，表明降蒸差将面临急剧偏低的变化；④8~12 年尺度亦存在周期振荡过程，自 1965 年出现 8 次偏高—偏低交替过程，该时间尺度下目前形势表现为由偏低转偏高的过程。

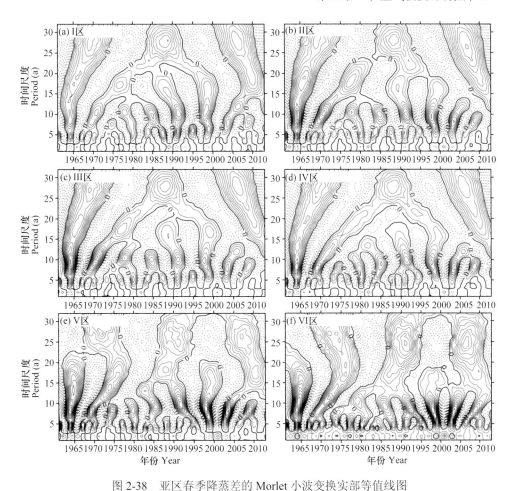

图 2-38 亚区春季降蒸差的 Morlet 小波变换实部等值线图

Figure 2-38 Morlet wavelet coefficient of water deficit for spring in sub-regions

实线与虚线分别表示小波变换系数的正、负实部

Solid line and dashed line represents the positive and negative real part of wavelet transform coefficients respectively

  对小波系数实部等值线的分析表明，各农业亚区降蒸差变化具有多个周期，可通过小波方差来确定全区及各个农业亚区降蒸差变化规律的最主要时间尺度，小波方差峰值对应的时间尺度即为主要周期。各区春季降蒸差的小波方差图见图 2-39。由图 2-39 可见，各区主周期存在差异，Ⅰ~Ⅳ区皆为 28 年，Ⅴ区、Ⅵ区为 10 年；第二、第三周期差别明显，Ⅰ~Ⅲ区存在 10 年和 18 年的次变化周期，Ⅳ区则为 10 年，在 18 年处波动不明显，Ⅴ区、Ⅵ区 28 年；在各区主周期下，结合图 2-39，可知到 2020 年左右，黄淮海平原各区春季降蒸差小波系数处于负实部，表明未来一段时间降蒸差将处于偏低期。

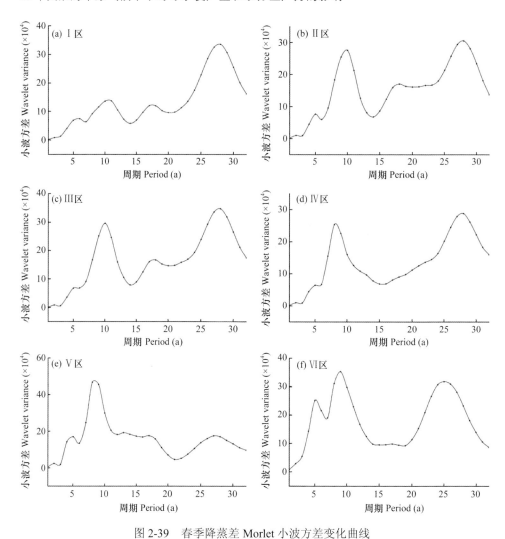

图 2-39　春季降蒸差 Morlet 小波方差变化曲线

Figure 2-39　Morlet wavelet variance curves of water deficit for each sub-regions

（本节作者：居　辉　李翔翔　秦晓晨）

第七节　小　结

本章基于黄淮海平原 1961~2014 年 40 个气象站点气候资料日值数据集,分析了春季、夏季、秋季、冬季、冬小麦生长季以及全年 6 个尺度,太阳辐射量、气温、降水量、潜在蒸散量和降蒸差 5 个指标的时序变化特点、突变特征和空间分布格局。

（1）黄淮海平原夏季、秋季和冬季太阳辐射量呈显著下降趋势,线性倾向值分别为–4.81 MJ·m^{-2}·a^{-1}、–2.42 MJ·m^{-2}·a^{-1} 和–2.98 MJ·m^{-2}·a^{-1}（$P<0.01$）,夏季降低

最快，而春季线性倾向值为$-1.18 \, MJ \cdot m^{-2} \cdot a^{-1}$，但没通过显著性检验（$P>0.05$）；冬小麦生长季太阳辐射量占全年的 74.2%左右，冬小麦生长季和全年太阳辐射量呈显著下降趋势，线性倾向值分别为$-7.68 \, MJ \cdot m^{-2} \cdot a^{-1}$和$-11.37 \, MJ \cdot m^{-2} \cdot a^{-1}$（$P<0.01$），冬小麦生长季减少的速率约为全年的 67.5%；夏季 1990 年开始发生太阳辐射量由多到少的突变，突变年后，太阳辐射量减少 $136.1 \, MJ \cdot m^{-2}$。秋季太阳辐射量在 1995 年发生由多到少突变，突变年后，太阳辐射量减少 $82.6 \, MJ \cdot m^{-2}$。冬季太阳辐射量在 1983 年发生由多到少突变，突变年后，太阳辐射量减少 $81.8 \, MJ \cdot m^{-2}$。冬小麦生长季和全年太阳辐射量分别在 1983 年和 1989 年开始发生太阳辐射量由多到少的突变，突变年后，太阳辐射量分别减少 $228.8 \, MJ \cdot m^{-2}$ 和 $315.5 \, MJ \cdot m^{-2}$。到达地表的太阳辐射量变化与大气成分、云量、大气中水汽的含量以及大气悬浮物含量等密切相关（申彦波等，2008）。综合来看，到达地表的太阳辐射量受多种因素的影响，包括大气条件、观测站的环境以及区域的工业化特点。20 世纪 80 年代，华北地区太阳辐射量发生由多到少剧烈突变除了气候本身的变化外，还有可能与华北地区工业化进展加快有关，尤其是工厂、汽车排放到空气中的烟尘、废气、微粒等逐渐增多，大气中气溶胶逐渐增加，对太阳光线削弱作用增强，导致华北地区日照时数的下降（郭军和任国玉，2006），从而导致太阳辐射量的减少。同时，在华北地区太阳辐射量的区域分异可能还受到城市化发展不平衡的影响。东北部地区发展较迅速，气象观测站的环境发生变化，如被建筑物遮盖，影响日照时数等，都将对太阳辐射量的分布产生影响。

（2）黄淮海平原 4 个季节平均温度均呈升高趋势，春季、秋季和夏季 3 个季节平均气温增温速率分别为 $0.32℃ \cdot 10a^{-1}$、$0.21℃ \cdot 10a^{-1}$ 和 $0.28℃ \cdot 10a^{-1}$（$P<0.01$），夏季为 $0.07℃ \cdot 10a^{-1}$，但是没有通过显著性检验。冬小麦生长季和全年平均气温呈显著上升趋势，线性倾向值分别为 $0.26℃ \cdot 10a^{-1}$ 和 $0.22℃ \cdot 10a^{-1}$（$P<0.01$），春季和冬季增温幅度高于冬小麦生长季和全年。4 个季节最低气温增温速率分别为 $0.45℃ \cdot 10a^{-1}$、$0.22℃ \cdot 10a^{-1}$、$0.31℃ \cdot 10a^{-1}$ 和 $0.49℃ \cdot 10a^{-1}$（$P<0.01$），其中冬季增温幅度最大，冬小麦生长季和全年最低气温都呈显著上升趋势，线性倾向值分别为 $0.41℃ \cdot 10a^{-1}$ 和 $0.37℃ \cdot 10a^{-1}$（$P<0.01$），春季和冬季增温幅度高于冬小麦生长季和全年。4 个季节最高气温增温的线性斜率分别为 $0.21℃ \cdot 10a^{-1}$、$-0.07℃ \cdot 10a^{-1}$、$0.11℃ \cdot 10a^{-1}$ 和 $0.08℃ \cdot 10a^{-1}$，只有春季通过了显著性检验，冬小麦生长季和全年最高气温呈上升趋势但不显著，线性倾向值分别为 $0.12℃ \cdot 10a^{-1}$ 和 $0.08℃ \cdot 10a^{-1}$（$P>0.05$）。最低气温增温速率是年平均最高气温的 2 倍左右，最高和最低气温表现非对称性变化特征，这与前人的研究结果一致（谢庄和曹鸿兴，1996；翟盘茂和任福民，1997；刘莉红和郑祖光，2004；杨建莹等，2013）。最低气温变化对平均气温的升高贡献大于最高气温，这与邓振墉等（2010）研究结论一致。使用 Mann-Kendall 非参数检验方法，对 1961~2014 年黄淮海平原平均气温、最低气温和最高气温变化趋势进行突变检测，给定显著性水平为 0.05。1998 年春季平均气温开始发生由低到高的突变，突变年后，平均气温增加了 1.12℃，秋季平均气温在 1998 年开始发生由低到高的突变，突变年后，平均气温增加了 0.72℃，冬季平均气温在 1986 年开始发生由低到高的突变，突变年后，平均气温增加了 1.08℃。冬小麦生长季和全年平均气温分别在 1989 年和 1992 年开始发生由低到高的突变，突变年后，平均气温分别升高了 0.82℃和 0.78℃。最低气温在 4 个季节分别在 1994 年、1998 年、1996 年和 1986 年发生由低到高的突变，突变年后，平均增加了 1.44℃、0.79℃、1.11℃和 1.66℃，冬小麦生长季和全年平均最低气温分别在 1989 年和 1992 年开始发生由低到高的突变，突变年后，平均最低气温分别升高了 1.23℃和 1.18℃。最高气温在 4 个季节分别在 1980 年、1998 年、1993 年和 1980 年发生由低到高的突变，突变年后，平均增加了 0.55℃、0.56℃、0.66℃和 0.91℃，冬小麦生长季和全年分别在 1993 年和 1988 年开始发生由低到高的突变，突变年后，分别升高了 1.01℃和 0.83℃。

（3）水分是作物生长发育的一个重要的环境因子。它与光热资源配合的适宜程度决定了农业气候资源优劣和农业生产条件的好坏。冬小麦生长季降水量占全年的 84.9%左右，全年降水量下降速率分别是春季、秋季和冬小麦生长季的 2.82 倍、1.82 倍和 1.95 倍。春季、秋季、冬小麦生长季和全年出现暖干化趋势，这与秦大河（2002）等研究结论一致，冬小麦生长季暖干化可能导致冬小麦适宜种植区增加，气候产量下降（邓振镛，2000）。经 Mann-Kendall 非参数检验来看，春季、夏季和冬季降水量分别在 1979/1980 年、1985/1986 年和 1979/1980 年发生了由多到少、由少到多和由少到多的突变，突变年后，降水量分别减少 58.2 mm、增加 20.7 mm、增加 3.4 mm，冬小麦生长季和全年降水量都是在 1980/1981 年开始发生由多到少的突变，突变年后，降水量分别减少 39.3 mm 和 115.0 mm。

（4）ET_0 对气象要素敏感性、气象因子自身变化和 ET_0 本身变化三者密切相关，各研究计算结果差异主要受 ET_0 计算公式的各参数和所选数据的空间分辨率影响（杨建莹等，2011）。太阳辐射量的精确计算是潜在蒸散估算结果的保证，严格来讲，计算太阳辐射量所用的 a、b 系数除了与站点所处的纬度有关外，一年中不同季节的 a、b 系数也不完全一样。为减少计算潜在蒸散的工作量，一些学者（Goyal，2004；Gong et al.，2006；Espadafor et al.，2011；Tang et al.，2011）统一采用了联合国粮食及农业组织（FAO）推荐的系数（a=0.25、b=0.5），韩虹等（2008）利用黄土高原 7 站点实测值验证了 P-M 法 a、b 分别取 0.18 和 0.55 时在黄土高原的适用性。由于资料的局限性，本研究计算黄淮海平原潜在蒸散时，a、b 系数采用了 FAO 推荐值。研究结果与 Gong 等（2006）和 Liu 等（2012）研究结论一致，说明研究结果有一定的可靠性。ET_0 对太阳辐射和气温的敏感性在夏季最强，对相对湿度和风速则在春季最强。春季、秋季、冬季和周年 ET_0 最敏感的要素为相对湿度，夏季 ET_0 对太阳辐射最敏感。ET_0 对太阳辐射量和相对湿度分别表现为正向和负向敏感，且敏感性在时间序列上呈减弱趋势，ET_0 对温度和风速分别为负向和正向敏感,在时间序列上呈增强趋势。黄淮海平原 ET_0 对各气象因子的敏感系数的空间分布存在差异,对太阳总辐射的敏感性从北向南递增,秋季、冬季和全年 ET_0 对风速的敏感性分布则从北向南递减,对相对湿度的敏感系数的绝对值由西北部、南部向东北部递增,春季和夏季 ET_0 对气温的敏感系数绝对值由东南向西北逐渐增加。

在全球气候暖干化趋势下,科学估算作物需水量和区域生态需水量,对提高水分利用率、指导节水灌溉和优化水资源配置具有十分重要的意义。作物需水量是提高农田水分利用效率以及制定农田灌溉制度必不可少的关键参数,在缺少实际资料的地区,计算参考作物蒸散量显得尤为重要(刘园等,2010)。受各气候要素综合影响,黄淮海平原夏季 ET_0 均呈现显著递减,与姬兴杰等(2013)研究结论一致,将会导致夏玉米的年需水量的降低,一定程度上缓解了黄淮海平原的水资源不足的现状,而春季和冬季呈现显著递增的变化趋势,在作物系数不变的前提下,冬小麦生长季内需水量亦随之增加,冬小麦的高产稳产需依赖提高灌溉量。已有研究(邓振镛等,2010)表明,黄淮海平原呈暖干化趋势,ET_0 的波动变化与降水量变化的叠加影响,对现有种植模式和农艺措施进行相应调整,才能保证黄淮海平原水资源可持续利用。徐建文等(2014)对黄淮海平原干旱特征的研究发现,1961~2011 年冬小麦生长季干旱减轻,但 1991~2011 年干旱有了加重的趋势,且春季、冬季以及冬小麦生长季内均表现为不同程度的干旱,干旱频率达到90%以上,因此,在黄淮海平原有必要推广可行的作物晚播、秸秆覆盖抑蒸技术、补充灌溉技术和培肥蓄水聚墒技术,以增加土壤有机碳,提高降水生产力。另外,由于黄淮海平原地下水超采严重、降水年际变化大、年内分配集中和水土资源分布不一致(刘勤等,2013),因此,有必要采用遥感手段监测黄淮海平原植被指数变化特征,并分析研究其与降水资源和潜在蒸散的关系,为区域水土资源调配、生态工程科学布局和农业生态环境良性发展提供科学支撑。

(5)黄淮海平原降蒸差呈南北差异分布,在 -650~100 mm 变化,南部高于北部。季节差异明显,夏季最高,区域平均为 0.67 mm,在 -142~174 mm 变化;秋、冬次之,区域平均降蒸差分别为 -80.60 mm 和 -66.22 mm,分别在 -156~0 mm 和 -103~0 mm 变化;春季最低,多年平均值为 -210.61 mm,亏缺量远高于其他季节。各站点降蒸差的年际变化率表现为春、夏、冬季呈总体上升趋势,上升显著性区域呈季节差异。春季在河北中南部—山东西北部 13 个站点呈显著性上升;夏季在河南、安徽集中有 7 个站点呈显著上升;冬季则在河南、安徽和江苏集中有 9 个站点呈显著上升。与其他季节不同,秋季除京津冀地区变化率高于 $0\ mm\cdot a^{-1}$ 且集中了 7 个显著上升站点,其余地区则呈下降区域,但大部分站点未达到显著性水平。各区年均蒸散量差异不大,年均降蒸差差异主要由降水量导致,VI区最高,为 -21.63 mm,III区最低,为 -560.42 mm,其余各区由高到低依次为 V 区、I 区、IV区和 II 区,分别为 -284.19 mm、-391.45 mm、-490.20 mm 和 -510.11 mm。各区降蒸差季节分布表现一致，夏季最高，春季最低。各区春季降蒸差存在周期性变化，且振荡主周期差异不大，Ⅰ~Ⅳ区皆为 28 年，Ⅴ区、Ⅵ区为 10 年。至 2020年左右，黄淮海平原各区春季主周期下小波系数处于负实部振荡期，表明未来一段时间春季降蒸差将处于偏低期。

黄淮海平原降蒸差存在明显的季节性差异，由于春季中国雨带还在华南地区，正在逐步北进，而华北尚未进入雨季，加上春季增温快，蒸发量较大，春季水分亏缺量占到全年一半以上，是干旱最易发生的季节。已有研究表明（徐建文等，2014），黄淮海地区干旱程度具有南北差异和季节差异，北方干旱重于南方，特别是春季，干旱频率达到 90% 以上；莫兴国等（2011）研究亦表明，黄淮海平原本身水资源供需季节性失衡，均与本研究结论一致，但莫兴国等认为冬小麦全生育期水分亏缺 200 mm 左右，而本研究表明仅春季水分亏缺就达 210 mm，这主要是因为其采用遥感影像反演地表蒸发，模型考虑到地表作物覆盖度，而本研究 P-M蒸发计算模型表示一种蒸散能力，它不受土壤水分的限制，只受可利用的能量的限制（肖金香等，2009）。因此，本研究采用降水量与潜在蒸散量差值表征水分盈亏程度，能从一定程度上反映区域水分盈亏态势，但从农业生产角度考虑，潜在蒸散量并不能代表作物实际蒸散量，想要进一步识别农业生产过程中的水分亏缺状况，应根据具体作物进行蒸散量订正（胡玮等，2013）。应对气候变化已经成为农业生产的重中之重，而气候变化具有明显的季节性和区域性差异，本研究表明水分盈亏存在季节性差异，各农业亚区亦表现不同。因此，在未来的农业生产中，不但要建立极端天气气候事件与自然灾害的早期预警系统，同时也应做到因地制宜、合理调配灌溉需水和灌溉时间，提前做好农业用水储备，提高黄淮海平原农业生产适应气候变化的能力。

参 考 文 献

程琨, 潘根兴, 邹建文, 等. 2011. 1949—2006 年间中国粮食生产的气候变化影响风险评价. 南京农业大学学报, 34(3): 83-88.

邓振铺, 王强, 陈强, 等. 2010. 中国北方气候暖干化对粮食作物的影响及应对措施. 生态学报, 30(22): 6278-6288.

杜加强, 舒俭民, 刘成程, 等. 2012. 黄河上游参考作物蒸散量变化特征及其对气候变化的响应. 农业工程学报, 12(28): 92-100.

杜尧东, 毛慧琴, 刘爱君, 等. 2003. 广东省太阳总辐射的气候学计算及其分布特征. 资源科学, 25(6): 66-70.

段春锋, 缪启龙, 曹雯. 2011. 西北地区参考作物蒸散变化特征及其主要影响因素. 农业工程学报, 27(8): 77-83.

高国栋, 缪启龙, 王安宇, 等. 1996. 气候学教程. 北京: 气象出版社: 31-32.

高晓容, 王春乙, 张继权, 等. 2012. 近 50 年东北玉米生育阶段需水量及旱涝时空变化. 农业工程学报, 28(12)101-109.

龚宇, 石志增, 花家嘉, 等. 2009. 唐山地区水资源的气候特征分析. 中国农业气象, 30(4): 509-514.

龚元石. 1995. Penman-Monteith 公式与 FAO-PPP-17Penman 修正式计算参考作物蒸散量的比较. 北京农业大学学报, 21(1): 68-75.

郭军, 任国玉. 2006. 天津地区近 40 年日照时数变化特征及其影响因素. 气象科技, 34(4): 415-420.

韩虹, 任国玉, 王文, 等. 2008. 黄土高原地区太阳辐射时空演变特征. 气候与环境研究, 13(1): 61-66.

胡玮, 严昌荣, 李迎春, 等. 2013. 冀京津冬小麦灌溉需水量时空变化特征. 中国农业气象, 34(6): 648-654.

黄让堂. 1990. 论我国降水丰度和适度. 自然资源学报, 5(1): 84-90.

姬兴杰, 朱业玉, 顾万龙. 2013. 河南省参考作物蒸散量变化特征及其对气候影响分析. 中国农业气象, 34(1): 14-22.

金龙, 罗莹. 1992. 淮北平原水分盈亏量的综合研究. 气象科学, 12(1): 24-31.

李春强, 洪克勤, 李保国. 2008. 河北省近 35 年(1965—1999)参考作物蒸散量的时空变化分析. 中国农业气象, 29(4): 414-419.

李又君, 吕博, 安丽华, 等. 2012. 鲁西气候变化及其对地表水分盈亏的影响. 干旱气象, 30(3): 431-436.

梁丽乔, 李丽娟, 张丽, 等. 2008. 黄淮海平原西部生长季参考作物蒸散发的敏感性分析. 农业工程学报, 24(5): 1-5.

刘昌明, 张丹. 2011. 中国地表潜在蒸散发敏感性的时空变化特征分析. 地理学报, 66(5): 579-588.

刘莉红, 郑祖光. 2004. 我国 1 月和 7 月气温变化的分析. 热带气象学报, 20(2): 151-160.

刘勤, 梅旭荣, 严昌荣, 等. 2013. 华北冬小麦降水亏缺变化特征及气候影响因素分析. 生态学报, 33(20): 6643-6651.

刘勤, 严昌荣, 梅旭荣, 等. 2012. 西北旱区参考作物蒸散量空间格局演变特征分析. 中国农业气象, 33(1): 48-53.

刘小莽, 郑红星, 刘昌明, 等. 2009. 海河流域潜在蒸散发的气候敏感性分析. 资源科学, 3(9): 1470-1476.

刘晓英, 李玉中, 王庆锁. 2006. 几种基于温度的参考作物蒸散量计算方法的评价. 农业工程学报, 22(6): 12-18.

刘钰, Preira L S, Teixira J L, 等. 1997. 参照蒸发量的新定义及计算方法对比. 水利学报, (6): 27-33.

刘园, 王颖, 杨晓光. 2010. 华北平原参考作物蒸散量变化特征及气候影响因素. 生态学报, 30(4): 5589-5599.

陆渝蓉, 高国栋, 李怀瑾. 1979. 关于我国干湿状况的研究. 南京大学学报(自然科学版), 1: 125-138.

莫兴国, 刘苏峡, 林忠辉, 等. 2011. 华北平原蒸散和 GPP 格局及其对气候波动的响应. 地理学报, 66(5): 589-598.

邵晓梅, 许月卿, 严昌荣. 2007. 黄河流域气候水分盈亏时空格局分析. 气候与环境研究, 12(1): 74-80.

申彦波, 赵宗慈, 石广玉. 2008. 地面太阳辐射的变化、影响因子及其可能的气候效应最新研究进展. 地球科学进展, 23(9): 915-923.

史建国, 严昌荣, 何文清, 等. 2008. 黄河流域水分盈亏时空格局变化研究. 自然资源学报, 23(1): 113-119.

宋燕, 季劲钧. 2005. 气候变暖的显著性检验以及温度场和降水场的时空分布特征. 气候与环境研究, 10(2): 157-165.

谭方颖, 王建林, 宋迎波, 等. 2009. 华北平原近 45 年农业气候资源变化特征分析. 中国农业气象, 01: 19-24.

陶毓汾, 王立祥, 韩仕峰, 等. 1993. 中国北方旱农地区水分生产潜力及开发. 北京: 气象出版社.

王晓东, 马晓群, 许莹, 等. 2013a. 淮河流域参考作物蒸散量变化特征及主要因子的贡献分析. 中国农业气象, 34(6): 661-667.

王晓东, 马晓群, 许莹, 等. 2013b. 淮河流域主要农作物全生育期水分盈亏时空变化分析. 资源科学, 35(3): 665-672.

肖金香, 穆彪, 胡飞. 2009. 农业气象学. 北京: 高等教育出版社: 75-78.

谢贤群, 王菱. 2007. 中国北方近五十年潜在蒸发的变化. 自然资源学报, 22(5): 683-691.

谢庄, 曹鸿兴. 1996. 北京最高和最低气温的非对称性变化. 气象学报, 54(4): 501-507.

徐建文, 居辉, 刘勤, 等. 2014. 黄淮海地区干旱变化特征及其对气候变化的响应. 生态学报, (2): 460-470.

徐新良, 刘纪远, 庄大方. 2004. GIS 环境下 1991—2000 年中国东北参考作物蒸散量时空变化特征分析. 农业工程学报, 20(2): 10-14.

杨建莹, 陈志峰, 严昌荣, 等. 2013. 近 50 年黄淮海平原气温变化趋势和突变特征. 中国农业气象, 34(1): 1-7.

杨建莹, 刘勤, 严昌荣, 等. 2011. 近 48a 华北区太阳辐射量时空格局的变化特征. 生态学报, 31(10): 2748-2756.

姚晓军, 张晓, 孙美平, 等. 2013. 1960—2010 年中国西北地区水分盈亏量时空特征. 地理研究, 32(4): 607-616.

姚玉龙, 刘普幸, 卓玛兰草. 2014. 51a 来甘肃省水分盈亏量的时空变化特征. 干旱区研究, 31(02): 201-208.

曾丽红, 宋开山, 张柏, 等. 2012. 东北地区参考作物蒸散量对主要气象要素的敏感性分析. 中国农业气象, 31(1): 11-18.

翟盘茂, 任福民. 1997. 中国近四十年最高最低气温变化. 气象学报, 55(4): 418-429.

张调风, 张勃, 梁芸, 等. 2013. 黄土高原地区生长季参考作物蒸散量对主要气象要素的敏感性分析. 中国农业气象, 34(2): 162-169.

张山清, 普宗朝. 2011. 新疆参考作物潜在蒸散量时空变化分析. 农业工程学报, 27(5): 73-79.

Allen R G, Pereira L S, Raes D, et al. 1998. Crop evapotranspiration: guidelines for computing crop water requirements-FAO irrigation and drainage paper 56. Rome: FAO: 6541.

Chattopadlhyay N, Hulme M. 1997. Evaporation and potential evapotranspiration in India under conditions of recent and future climate change. Agricultural and Forest Meterology, 87(1): 55-73.

Duffie J A, Beckman W A. 1991. Solar Engineering of Thermal Processes. New York: Wiley.

Espadafor M, Lorite I J, Gavilán P, et al. 2011. An analysis of the tendency of reference evapotranspiration estimates and other climate variables during the last 45 years in Southern Spain. Agricultural Water Management, 98(6): 1045-1061.

Gong L B, Xu C Y, Chen D L, et al. 2006. Sensitivity of the Penman-Monteith reference evapotranspiration to key climatic variables in the Changjiang basin. Journal of Hydrology,

329(3/4): 620-629.

Goyal R K. 2004. Sensitivity of evapotranspiration to global warming: a case study of arid zone of Rajasthan(India). Agricultural Water Management, 69(1): 1-11.

Hashmi M A, Carcia L A. 1998. Spatial and temporal errors in estimating regional evapotranspiration. Journal of Irrigation and Drainages, 124(2): 108-114.

IPCC. 2013. Climate change 2013: the physical science basis. Cambridge: Cambridge University Press.

Liou K N. 2002. An introduction to atmospheric radiation. New York: Academic Press.

Liu C M, Zhang D, Liu X M, et al. 2012. Spatial and temporal change in the potential evapotranspiration sensitivity to meteorological factors in China(1960−2007). Journal of Geographical Sciences, 22(1): 3-14.

Liu C M, Zheng H X. 2004. Changes in components of the hydrological cycle in the Yellow River basin during the second half of the 20th century. Hydrological Process, 18: 2337-2345.

Peterson T C, Golubev V S, Groisman P Y. 1995. Evaporation losing its strength. Nature, 377: 687-688.

Pinker R T, Zhang B, Dutton E G. 2005. Do satellites detect trends in surface solar radiation. Science, 308: 850-854.

Tang B, Tong L, Kang S Z, et al. 2011. Impacts of climate variability on reference evapotranspiration over 58 years in the Haihe river basin of north China. Agricultural Water Management, 98(10): 1660-1670.

Wild M, Gilgen H, Roesch A, et al. 2005. From dimming to brightening: decadal changes in solar radiation at earth's surface. Science, 308: 847-850.

WMO. 2013. 2001–2010 a decade of climate extremes. http: //library. wmo. int/pmb_ged /wmo_ 1103_en. pdf . 2016-11-27.

Xu C Y, Singh V P. 2005. Evaluation of three complementary relationship evapotranspiration models by water balance approach to estimate actual regional evapotranspiration in different climatic regions. Journal of Hydrology, 308(1-2): 105-121.

Yang J Y, Liu Q, Mei X R, et al. 2013. Spatiotemporal characteristics of reference evapotranspiration and its sensitivity coefficients to climate factors in Huang-Huai-Hai Plain, China. Journal of Integrative Agriculture, 12(12): 2280-2291.

Yu P S, Yang T C, Wu C K. 2002. Impact of climate change on water resources in southern Taiwan. Hydrology, 260: 161-175.

第三章　冬小麦生育期和降水盈亏量变化

粮食安全是当前国内外关注的焦点，尤其是近年来国内外粮食供需矛盾越来越突出。随着粮食主产区持续向缺水和生态脆弱的北方地区转移，水土资源不相匹配、水资源匮乏对粮食生产的影响更加凸显（杨贵羽等，2010）。在水资源方面，我国降水呈现总量少、年际分布不均匀且在全球气候变化的影响下变化愈加复杂等特性。据统计，1956~2005 年降水总量 81%分布在长江流域及以南地区，而 60%以上的耕地却集中于北方地区，且以 400 mm 等雨量线以东地区为主。随着我国粮食主产区逐渐向中部和北部转移，单位耕地面积上水资源的占有量还将进一步减少，可见，水资源不足和水土资源不相匹配成为影响我国粮食安全的主要因素。与此同时，农业灌溉水量锐减，用水效率低，进一步影响了我国的粮食产量。据统计，我国 2/3 的粮食产量来自于占总耕地面积 1/2 的灌溉面积上（中华人民共和国国务院，2008），在农业生产的规划和实际灌溉管理中，常常通过加大灌溉力度满足农田用水的需求，而土壤水却在无效消耗。据相关分析，整个华北地区降水量的 55%以上转化为土壤水资源（刘昌明，2004），黄淮海大部分地区的冬小麦全生育期需水量的 50%~70%、夏玉米全生育期需水量的 80%以上可由土壤水提供（沈振荣和苏人琼，1998），因此，研究区域尺度上降水量和作物需水量的匹配情况，摸清作物降水亏缺值变化规律，对因地制宜地采取综合节水措施，提高农业水资源利用效率、缓解水资源供需矛盾具有重要意义。

随着气候变化的加剧，农业水资源对气候变化尤其是全球变暖的响应问题，包括水循环、水量时空分布、降水极端事件与洪涝灾害等的改变逐渐受到关注（Gleick，1989）。作物降水亏缺是引起作物减产的重要原因（陈亚新和康绍忠，1995），弄清作物需水量及其空间分布，是确定作物灌溉制度以及地区灌溉用水量的基础（康绍忠和蔡焕杰，1996）。在土壤水分充分的情况下，气象因素是影响作物需水量的主要因素（康绍忠等，1992），同时，农业技术措施也会对作物需水产生影响。多年来，对作物需水量的研究主要集中在田间或点的水平，主要采用经验公式法、水量平衡法（冯金朝和黄子深，1995；Howell et al.，1997；段红星，2005）和微气象学法（谢贤群，1990）等，并取得了较大进展。以能量平衡原理为基础的 Penman 公式法，只需利用常规气象资料便可较为准确地计算出参考作物的需水量，该法已成为计算参考作物需水量的一种主要方法（史海滨等，2000；孙景生等，2002）。我国在作物需水量的研究方面做了大量工作（陈玉民和郭国双，1993；邵晓梅和严昌荣，2007；张淑杰等，2010），此外，有关作物系数的研究工作开展得也比较广泛,全国许多地方都对当地主要农作物的作物系数进行了测定,积累了比较丰富的资料。但关于区域尺度作物降水亏缺研究还相对较少,大多局限在区域全年内水分变化或者作物全生育期内降水盈亏方面,针对具体作物和具体生育阶段降水亏缺的研究还很少见。

全球气候变化是人类迄今面临的最大环境问题,已成为国内外的研究热点(Houghton et al.,1990,1995;IPCC,2001;江志红等,2008)。20世纪80年代以来,中国年平均气温明显增加,升幅为0.5~0.8℃,北方升幅最高(李海涛等,2003;赵宗慈等,2007)。对于农业生产而言,气候变化通过改变农作物生长发育过程中光照、热量、水分的分配而影响其生产力,从而对作物生长、产量、农业布局和种植制度产生影响(Myneni,1997;唐国平等,2000;王铮和郑一萍,2001;肖国举等,2007)。20世纪80年代初,崔读昌等(1984)绘制了《中国主要农作物气候资源图集》,此后,随着气候变化的加剧,气候变化对作物生育期的影响引起广泛关注,许多学者在这方面作了大量的研究。一些学者利用作物模拟模型定量研究气候变化与作物生育期之间的关系,描述气候驱动与作物生育期之间的因果联系(Kramer,1994;Maak and Storch,1997;Setiyono et al.,2007;韩小梅和申双和,2008),但是,目前植物生育期在物候模型、生长模型和参数变量的获得等方面都有很多不确定性(裴顺祥等,2009;王连喜等,2010);同时,遥感技术在作物生育期的研究和应用已取得许多进展,该方法适合大范围、快速监测作物的物候期(辛景峰等,2001),但由于遥感数据精度验证的系统研究目前尚少见(李正国等,2009),遥感技术应用于作物生育期的研究还需要进一步完善。随着农业和气象资料的逐渐完善,大多数学者采用了作物生育期调研方法或利用农业气象站点作物生育期资料,对作物生育对气候变化的响应作了相关研究,这种方法精确度高、可行性强(郑景云等,2002;张学霞等,2005;陆佩玲等,2006),然而,目前我国在监测评估和预测气候引起作物物候变化方面的研究还不够充分,对大中尺度上气候因素变化对作物生育期的影响程度还需要进一步的研究。

黄淮海平原是我国重要的农作物产区,粮食产量在全国粮食总产中的比例逐年增加,同时,该地区也是我国受气候变化影响最大的地区之一,增温最快且范围最大,平均每10年增温0.6℃,降水减少,干旱趋势加重(高歌等,2003)。气候的变化对华北地区作物种植及生长都产生一定的影响。在气候变化的情况下,对该地区主要作物冬小麦生育期变化特征进行研究,有助于增进对作物响应气候变化的理解,为准确评估作物生产力,指导农业生产、田间管理等提供依据。我们在1971~1980年和21世纪初近10年两个时间阶段上,利用调研数据与气象资料相结合的方法,揭示气候变化下华北地区冬小麦生育期变化特征,并探讨气候因素的变化对小麦生育期的可能影响;研究冬小麦各生育阶段内降水量与需水量匹配情况,探讨气候变化对冬小麦各生育阶段降水亏缺的影响，为及早建立预警预报系统，合理利用农业水资源、缓解水资源供需矛盾提供科学依据。

第一节　数据来源与方法

一、数据来源

本研究采用的气象资料来源于国家气象局。20世纪70年代冬小麦生育期数据来源于文献（崔读昌，1984），21世纪近10年冬小麦生育期数据来源于对华北地区各县（市）的冬小麦生育期调研资料。冬小麦各生育期阶段的作物系数来源于文献（陈玉民和郭国双，1993）。数字高程模型（DEM）数据来自美国地质勘探局（USGS）生产的全球30 s数字高程模型（GTOPO30），其空间分辨率为30″（约1 km）。

二、指标计算方法

（一）生育期栅格化方法

回归分析是研究因变量（Y）和自变量（X）之间变动比例关系的一种方法，在实际研究中，影响因变量Y的因素可能有很多，而这些因素之间又可能存在多重共线性，利用多元逐步回归分析法，可以有效地从众多影响Y的因素中挑选出对Y贡献大的变量，在它们和Y的观测数据基础上建立"最优"的回归方程（唐启义和冯明光，2007）。本研究充分考虑各气候因子对冬小麦生育期的影响，在逐步回归分析的基础上对生育期进行栅格化（刘勤等，待刊）。小麦各生育期（Y）为因变量，对应点的经度（X_1）、纬度（X_2）、海拔（X_3）、日照时数（X_4）、平均气温（X_5）、≥10℃年积温（X_6）和降水量（X_7）为自变量进行多元逐步回归分析，获取计算研究区冬小麦各生育期（播种期Y_1、返青期Y_2、拔节期Y_3、抽穗期Y_4、收获期Y_5）栅格面的代数方程［式（3-1）~式（3-5）］。其中式（3-1）、式（3-3）、式（3-4）逐步回归方程$P<0.01$极显著，式（3-2）和式（3-5）$P<0.05$显著。利用逐步回归方程进行模拟栅格面的输出，提取模拟栅格面上对应气象站点值，并对模拟值与真实值间的残差进行空间插值，运算得到相应的栅格数据（张燕卿等，2009）。

$$Y_1 = 335.1319 - 1.4094 \times X_2 - 1.6189 \times X_5 + 0.0264 \times X_7$$
$$R=0.83 \quad P=0.0002<0.01$$
（3-1）

$$Y_2 = 198.2297 - 1.6424 \times X_1 + 0.0105 \times X_3 + 0.0228 \times X_4$$
$$R=0.84 \quad P=0.0108<0.05$$
（3-2）

$$Y_3 = 228.1108 - 1.2111 \times X_1 + 0.0188 \times X_4 + 3.2864 \times X_5$$
$$- 0.0171 \times X_6 - 0.0084 \times X_7 \qquad (3\text{-}3)$$
$$R = 0.8 \quad P = 0.0034 < 0.01$$

$$Y_4 = -2.6614 + 3.3924 \times X_2 + 1.0584 \times X_5 - 0.0165 \times X_7 \qquad (3\text{-}4)$$
$$R = 0.91 \quad P = 0.0000 < 0.01$$

$$Y_5 = 165.4556 - 1.2893 \times X_1 + 3.1917 \times X_2 + 0.0053 \times X_3 + 0.0062 \times X_6 \qquad (3\text{-}5)$$
$$R = 0.83 \quad P = 0.0145 < 0.05$$

（二）小麦生育期内降水亏缺计算方法（邵晓梅和严昌荣，2007；刘勤等，2013）

$$W_i = P_i - \mathrm{ET}_{ci} \qquad (3\text{-}6)$$

式中，W_i 为生育期第 i 阶段水分盈亏量（mm）；P_i 为第 i 阶段有效降水量（mm）；ET_{ci} 为第 i 阶段冬小麦需水量。

$$\mathrm{ET}_{ci} = \mathrm{ET}_{0i} \times k_{ci} \qquad (3\text{-}7)$$

式中，ET_{ci} 为第 i 阶段冬小麦需水量（mm）；k_{ci} 为第 i 阶段冬小麦的作物系数；ET_{0i} 为第 i 阶段参考作物蒸散量。

有效降水量是根据农业部土壤保持局推荐的方法，其有效性已在许多学者的研究中予以证明（Döll and Siebert，2002；李勇等，2011）。

$$P_e = P \times (4.17 - 0.2P) / 4.17 \qquad P < 8.3 \mathrm{mm/d}$$
$$P_e = 4.17 + 0.1P \qquad P \geqslant 8.3 \mathrm{mm/d} \qquad (3\text{-}8)$$

式中，P 为降水量，P_e 为有效降水量。

（三）敏感度分析模型

为了度量降水亏缺量变化对降水、温度、日照时数、相对湿度和风速 5 个基本气象要素的变化的响应，构建了降水亏缺量对 5 个基本要素的敏感度评价模型：

$$\beta = \left[(W_{t+1} - W_t) / W_t \right] / \left[(x_{t+1} - x_t) / x_t \right] \qquad (3\text{-}9)$$

式中，W_t、W_{t+1} 分别为基期（20 世纪 70 年代）和末期（21 世纪近 10 年）的降水亏缺量；x_{t+1}、x_t 分别为基期和末期的基本气象要素的值。若 $\beta < 0$ 表明降水亏缺量与基本要素呈反向变化，降水亏缺量对基本气象要素变化呈反向敏感，β 绝对值越大，反向敏感性越强；若 $\beta > 0$，说明降水亏缺量与基本气象要素同向变化，β 值越大，降水亏缺量对基本气候要素变化的正向敏感性越高，即气候要素的较小波动会引起降水亏缺量的较大变化。

（本节作者：何文清　刘　爽）

第二节　冬小麦生育期变化及气候影响因素

一、生育期变化

黄淮海平原冬小麦生育期变化对比（1971~1980 年/2001~2010 年）见图 3-1。

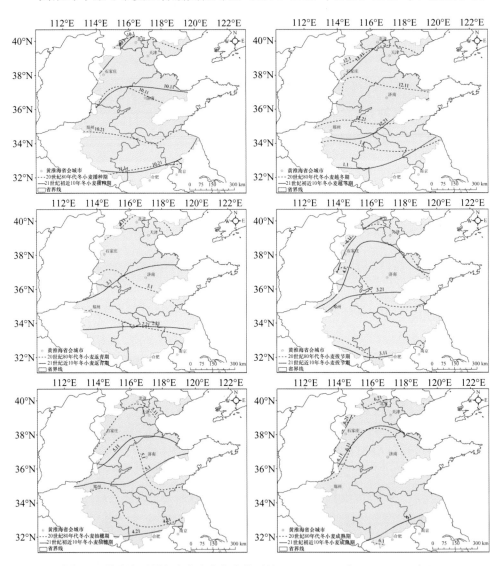

图 3-1　黄淮海平原冬小麦生育期变化对比（1971~1980 年/2001~2010 年）

Figure 3-1　Comparisons of changes in winter wheat growth stages in the Huang-Huai-Hai Plain （between 1971 to 1980, and period after 2000）

（一）播种期变化

除南部小部分地区外，黄淮海平原冬小麦的播种期推迟，一般在 7~10 d。从播种期各等值线的变化情况上看，10 月 1 日等值线变化跨度最大，原处于河北邯郸—山东济南一线，现北迁至石家庄—北京一线，北移了 3~4 个纬度。其次为 10 月 11 日等值线也由原来的江苏北部北移至河南北部新乡—山东北部济南地区，约 2 个纬度。10 月 21 日等值线变化最不明显。

（二）返青期变化

21 世纪后，黄淮海平原冬小麦返青期表现为西北部推迟，东南部提前。西北部的山西北部地区出现 4 月 1 日等值线。3 月 21 日等值线和 3 月 11 日等值线在山西省有明显南移，其中 3 月 21 日等值线南移幅度较大，由原来的山西忻州地区南移至山西南部临汾地区，为 2~3 个纬度。这两条等值线在黄淮海平原东北部地区没有明显变化。3 月 1 日和 2 月 21 日等值线在黄淮海平原西南部河南省内略有南移，但在东南部山东、安徽及江苏地区北移明显，幅度在 1~3 个纬度。与 20 世纪 70 年代相比，冬小麦返青期在黄淮海平原西部山西和河南两省内表现出明显的推迟，推迟天数在 2~10 d，其中山西省内冬小麦返青期推迟严重，推迟天数在 5 d 以上。东南部的山东、安徽及江苏地区冬小麦表现出明显提前，提前幅度在 5~7 d。

（三）拔节期变化

除黄淮海平原西部小部分地区外，大部分地区冬小麦的拔节期提前。20 世纪 70 年代，冬小麦拔节期 4 月 16 日等值线贯穿山西、河北、天津和北京，2000 年之后迁移至山西地区。4 月 1 日等值线在河南、河北两省出现南移，但在山东地区发生北移，由原来的山东临沂地区北移至济南地区，为 1~2 个纬度。

3 月 16 日等值线整体北移，但幅度较小，北移小于 1.5 个纬度。黄淮海平原大部分地区，包括北京、天津、河北、山西、山东、安徽、江苏 7 省（直辖市）冬小麦的拔节期都有所提前，提前 2~10 d。其中北部省（直辖市）提前幅度较大，为 5~10 d。西部河南省冬小麦拔节期推迟，但推迟幅度不大，为 2~5 d。

（四）抽穗期变化

黄淮海平原冬小麦抽穗期明显推迟，各生育期等值线南移规律明显。5 月 21 日、5 月 11 日、5 月 1 日、4 月 21 日等值线都有所南移，跨度在 1~2 个纬度。各等值线在北京、天津、河北和山东等省（直辖市）南移幅度较大。5 月 21 日等值线原处于河北张家口一带，现南移至天津—石家庄一线；5 月 11 日等值线在东部地区南移幅度最大，由石家庄—北京—天津一线南移至山东。5 月 1 日等值线由石家庄—济南地区南移至郑州。整个黄淮海平原冬小麦抽穗期都明显推迟，其中以中部和北部的河北、山东、河南 3 省冬小麦抽穗期向后推迟幅度最大，为 10~15 d。

（五）成熟期变化

2000 年之后，除南部江苏安徽两省外，黄淮海平原大部分地区冬小麦成熟期推迟。7 月 1 日等值线与 6 月 21 日等值线变化相似，均向南迁移约 1 个纬度。6 月 11 日等值线原处于河南、河北两省的部分有明显南移，南移约 1.5 个纬度。但在山东的东部胶东半岛地区，6 月 11 日等值线北移，为 1~2 个纬度。6 月 1 日等值线在安徽和江苏两省发生北移，为 1~2 个纬度。南部江苏、安徽两省及山东胶东半岛冬小麦的成熟期有所提前，提前幅度 2~5 d。除这部分地区外的黄淮海平原，包括北京、天津、河北、山西、河南、山东西部地区冬小麦成熟期均表现出明显推迟，推迟幅度在 5~10 d。

二、影响生育期变化的气候因素

影响物候的气候因素中，日照是一个重要因素，植物具有光敏色素，其生活史中许多阶段与光有关。缩短光照时间能促进短日照植物生长发育（Vergara and Chang，1985；徐雨晴等，2004），对于冬小麦这种长日照植物来说，日照时数的变化主要影响冬小麦的返青期和拔节期。在关于华北地区冬小麦各生育期的研究中发现，日照时数与近 10 a 的冬小麦返青日期和拔节日期相关，日照时数的减少对冬小麦返青期和拔节期的提前有正向作用。日照时数减少，则冬小麦的返青期和拔节期提前。可以认为，如果单纯考虑光照因素，年日照时数每减少 100 h，返青期提前 2.28 d，拔节期提前 1.88 d。21 世纪初的近 10 年与 20 世纪 70 年代相比，日照资源显著下降，尤其在华北中部和东部地区，日照资源的显著下降是东部冬小麦返青期和拔节期提前的一个重要原因。

全球变暖使植物开始和结束生长的日期发生相应的变化，尽管这种变化的时间长度在不同物种、不同地区间是不同的，但变化的倾向是相同的，而且不同季节的温度及温度变化对植物生育期的影响效果是不同的（张福春，1995）。植物生长发育期的前期与气温之间有显著的相关性（徐雨晴等，2004；Myking，1997；李荣平等，2006；张学霞等，2005），在不考虑其他因素的影响下，华北地区年均温每升高 1℃，冬小麦的播种期提前约 2 d。但是，本研究结果表明，21 世纪初近 10 年冬小麦的播种期较 20 世纪 70 年代明显推迟，主要原因是受到玉米生育期延长、收获期推迟的影响（王石立等，2003；邓振镛等，2007）。冬小麦的抽穗期，受年均温升高的影响有所推迟，尤其在华北的北部地区，21 世纪近 10 年华北北部地区年均温度较 70 年代升高幅度较大，导致抽穗期在这部分地区推迟的幅度也较大。成熟期的变化主要与 ≥10℃年积温有关，积温的增加对冬小麦成熟期有推迟作用，在不考虑其他因素的影响下，≥10℃年积温每增加 100℃，成熟期向后推迟约 1 d。21 世纪近 10 年华北地区 ≥10℃ 年积温增加，是导致大部分地区冬小麦成熟期向后推迟的主要原因。

水是影响植物物候期的另外一个重要气候因子，干旱会延缓植物的生长发育，使发育的物候期推迟，当干旱发生时，光、热条件再好，植物也不能利用，在这种情况下，水就成为影响植物生长发育的主要生态因子（Cavender et al.，2000；陈效逑和张福春，2001）。一定光照条件下，改变空气湿度能引起植物物候变化，如 24 h 光照条件下，空气湿度增加，能稍微促进作物发育（Mortensen and Field，1998）。本研究表明，降水对 21 世纪初近 10 年冬小麦生长的拔节和抽穗有促进作用，当光照、热量条件满足时，年降水量每增加 100 mm，冬小麦的拔节期和抽穗期将分别提前 0.84 d 和 1.65 d。

冬小麦生育期的变化除了受到气候变化的影响外，还受到人为因素、社会因素及技术进步的影响，尤其是冬小麦品种的更新、地膜覆盖技术的应用等。由于这些因素无法实现定量化分析，本研究在绘制 21 世纪近 10 年华北地区冬小麦生育期等值线图时重点考虑了地理、气候因素对冬小麦生育期的影响，关于人为因素及技术进步对作物生育期的影响还需进一步研究。气候条件变化合理分区及区域尺度下作物生育期变化的影响因素分析也将是下一步研究的重点。

（本节作者：严昌荣　梅旭荣　刘　勤）

第三节　不同年代冬小麦生育期水分亏缺特征

一、全生育期水分亏缺空间分布

为了探讨两个时间阶段（20 世纪 70 年代和 21 世纪近 10 年）冬小麦生育期内降水亏缺变化情况，明确华北地区冬小麦生育期内水分供需平衡变化特征，本研究利用 21 世纪近 10 年华北地区冬小麦全生育期降水亏缺量减去 20 世纪 70 年代冬小麦全生育期降水亏缺量的差值，对其空间变化特征进行了研究。由图 3-2 可见，与 20 世纪 70 年代相比，21 世纪近 10 年来华北大部分地区冬小麦生育期内降水亏缺愈加严重，研究结果与陈玉民和郭国双（1993）研究结论基本一致。河北省南部保定、石家庄地区，河南省郑州以及山东省济南地区冬小麦全生育期内降水亏缺加重程度明显。河南省郑州以及山东省济南地区 20 世纪 70 年代冬小麦全生育期内降水亏缺在 200~300 mm，近 10 年来降水亏缺量增至 300~350 mm，变化程度在 75 mm 以上，应发展小麦适时晚播、秸秆还田、深松耕蓄水保墒、调亏灌溉技术等，形成冬小麦节水高产技术体系。河北省唐山、秦皇岛地区，山西省北部地区以及山东省胶东半岛地区冬小麦全生育期内降水亏缺程度有所缓和。20 世纪 70 年代，这部分地区冬小麦全生育期内降水亏缺量在 300~350 mm，近 10 年来该地区冬小麦全生育期内降水亏缺量下降至 200~300 mm，变化幅度在 50 mm 以上。

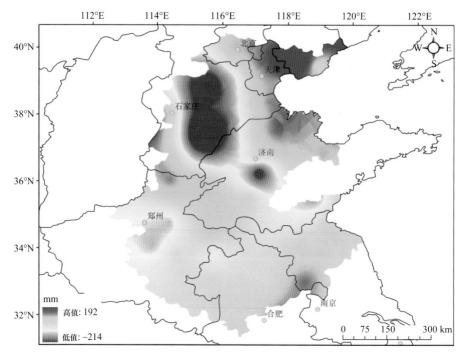

图 3-2　冬小麦生育期内降水亏缺变化空间分布图

Figure 3-2　Variation of water mismatch in whole growth stage of winter wheat

负值表示降水亏缺加重，正值表示缓解。图为 20 世纪 70 年代和 21 世纪近 10 年降水亏缺差值

The negative value indicates the accentuation of precipitation deficit, otherwise its remission.

The deviation of precipitation deficit was described between the first decade of the 21st century and 1970s in upper picture

二、各生育阶段水分亏缺空间分布

21 世纪近 10 年，华北地区冬小麦播种—返青期内降水亏缺程度自江苏省徐州—河南许昌一线以北都有所增加（图 3-3a）。河北省中部及南部、山东省西北部以及山西与河南两省的交界处冬小麦播种—返青期内降水亏缺变化在 20 mm 以上，其中以河北石家庄、衡水和山东济南地区冬小麦播种—返青期内干旱程度加重，变化幅度在 40 mm 以上，是华北地区冬小麦播种—返青期内降水亏缺变化最为剧烈的地区，这部分地区需要秸秆还田和增施有机肥、深松耕蓄水保墒来满足冬小麦对水分的需求。大部分地区冬小麦返青—拔节期内降水亏缺程度有所缓解，只在华北中部地区有所加重（图 3-3b）。河北省南部邯郸、衡水地区，河南省东北部及山东省西部地区冬小麦拔节—抽穗期内干旱程度加剧（图 3-3c），增加幅度可达 20 mm 以上。冬小麦拔节—抽穗期内降水亏缺程度加重，华北北部的北京市、天津市、河北省及华北中部的山东省、河南省等省（直辖市）冬小麦降水亏缺加重，降水亏缺增加量在 20 mm

以上，另外，20 世纪 70 年代，江苏省北部及安徽省北部冬小麦拔节—抽穗期表现为水分盈余，而近 10 年来这部分地区出现干旱，亏缺量在 20 mm 以上，需要发展调亏灌溉技术来满足冬小麦对水分的需求。华北南部的安徽省安庆地区和江苏省泰州地区近 10 年虽然也表现为水分盈余，但相比盈余量减少。华北中部地区冬小麦抽穗—成熟期内降水亏缺有所缓解，西南部地区冬小麦抽穗—成熟期内干旱加剧（图 3-3d）。近 10 年来，北京市、天津市、河北省东部和南部、山西省、河南省北部及山东省北部冬小麦抽穗—成熟期内降水亏缺得到缓解，幅度可达 20 mm。河南省南部及安徽省阜阳、淮南地区冬小麦抽穗—成熟期内干旱加重，幅度在 20 mm 以上。河南省南部及安徽省南部冬小麦抽穗—成熟期内水分盈余面积减少，且水分盈余量减少 20 mm 以上。冬小麦抽穗—成熟阶段是生殖生长时期，是决定千粒质量的关键期，在这个时段内，河南省南部及安徽省阜阳、淮南地区水分亏缺较重，生产中应密切关注土壤墒情，做到适时灌溉，才能获得高产。

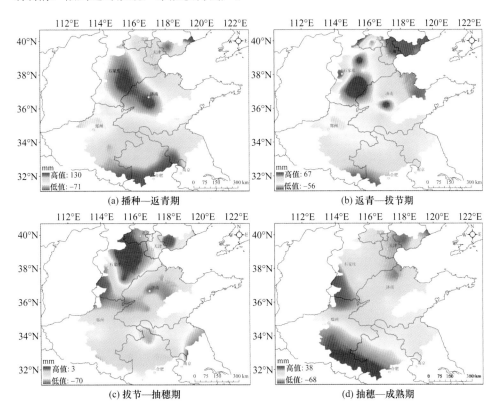

图 3-3　冬小麦各生育阶段降水亏缺变化空间分布图

Figure 3-3　Variation of precipitation deficit of winter wheat during different periods

三、冬小麦生育期水分亏缺变化原因

为了查明冬小麦生育期内降水亏缺变化原因，本研究以冬小麦拔节—抽穗期为例，拔节—抽穗期是冬小麦生殖生长主要阶段，利用构建的敏感度分析模型，分别对华北平原内的 72 个站点 20 世纪 70 年代和 21 世纪近 10 年冬小麦降水亏缺量对降水、平均温度、日照时数、相对湿度以及风速的敏感性进行了分析计算（图 3-4）。

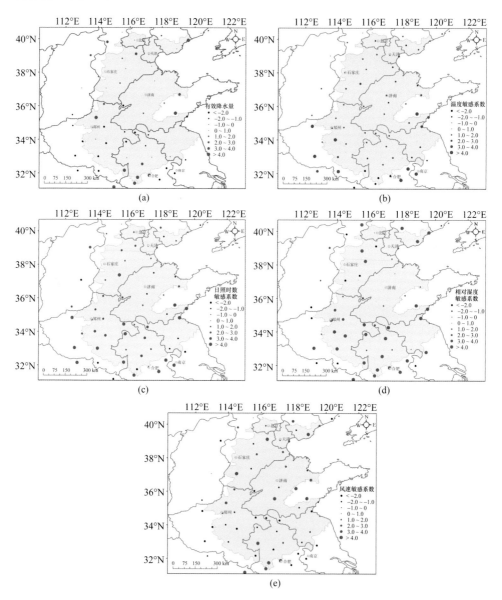

图 3-4　冬小麦拔节—抽穗期降水亏缺量对影响因素的敏感性格局

Figure 3-4　Sensitivity of water deficit changes to precipitation(a), mean air temperature(b), sunshine hours(c), relative humidity(d)and wind speed(e)during jointing stage and heading stage of winter wheat

降水亏缺量对降水具有正向敏感性的气象站点为 53 个，其中，高度正向敏感（$\beta>0.9$）的站点为 18 个，中度（$0.3<\beta<0.9$）13 个，低度（$0<\beta<0.3$）22 个，具有较高敏感性的站点主要分布在河北省的秦皇岛、承德和张家口地区，河南省的郑州、平顶山和驻马店地区，以及安徽省的北部地区，而敏感性呈负向敏感的站点（$\beta<0$）为 19 个，主要分布在山东省、山西省、河北省和山西省、河南省交界地区，见图 3-4a。降水亏缺量对平均温度具有正向敏感性的气象站点也为 53 个，其中，高度敏感的站点 18 个，中度 23 个，低度 12 个，具有较高敏感性的站点主要分布在河北省的秦皇岛、承德、张家口和衡水地区，河南省的郑州、平顶山和驻马店地区，以及安徽省的北部地区，而敏感性呈负向敏感的站点有 19 个，主要分布在山东省、河南省和安徽省地区，见图 3-4b。降水亏缺量对日照时数正向敏感性的气象站点为 54 个，其中，高度敏感的站点 30 个，中度 16 个，低度 8 个，具有较高敏感性的站点主要分布在河北省的秦皇岛、承德、张家口、唐山和保定地区，安徽省的北部地区，而具有负向敏感的站点有 18 个，主要分布在河北省的邢台和邯郸地区以及山东省，见图 3-4c。降水亏缺量对相对湿度具有正向敏感性的气象站点为 53 个，其中，高度敏感的站点 17 个，中度 22 个，低度 14 个，具有较高敏感性的站点主要分布在安徽省的北部地区和河南省中北部地区，而负向敏感性的站点有 19 个，主要分布在中部地区，见图 3-4d。对风速具有正向敏感性的气象站点为 50 个，其中，高度敏感的站点 22 个，中度 15 个，低度 13 个，敏感性较高的站点主要分布在河北省的秦皇岛、承德和张家口，天津市以及安徽省的北部地区，负向敏感的站点有 22 个，主要分布在中南部地区，见图 3-4e。

（本节作者：刘　勤　杨建莹　居　辉）

第四节　小　　结

以 21 世纪近 10 年的冬小麦生育期调研数据和气象站点数据为基础，利用"多元逐步回归分析+残差插值"方法，绘制了 2000 年后黄淮海平原冬小麦生育期等值线图，通过研究两个时期（1971~1980 年和 21 世纪近 10 年）黄淮海平原气候资源及冬小麦生育期的变化，探讨了气候要素变化对黄淮海平原冬小麦生育期的影响。结果表明：①黄淮海平原北部年均气温及≥10℃年积温增加显著，但降水减少，暖干趋势明显，中部和南部年均气温和≥10℃年积温也呈现增加趋势，但降水增多，日照下降，出现暖湿趋势。②除南部江苏、安徽两省冬小麦播种期无明显变化外，黄淮海平原冬小麦播种期普遍推迟，一般在 7~10 d；冬小麦返青期变化较为复杂，西部地区的冬小麦返青期推迟 2~10 d，而东南部的山东、安徽及江苏地区冬小麦返青期明显提前，一般在 5~7 d；黄淮海平原冬小麦的拔节期提前，其中北部地区幅度较大，为 5~10 d；冬小麦抽穗期推迟明显，其中以华北中部和北部最为明显，为 10~15 d；除黄淮海平原南部胶东半岛外，黄淮海平原大部分地区冬小麦成熟期推迟，一般在 5~10 d。③气候要素的波动是引起黄淮海平原冬小麦生育期变化的主要原因：日照时数与冬小麦返青期和拔节期显著相关，日照时数减少，冬小麦返青期和拔节期提前，而受年均温升高的影响，冬小麦抽穗期有所推迟，积温的增加对冬小麦成熟期有推迟作用，同时降水对冬小麦生长的拔节和抽穗有促进作用。

本研究基于黄淮海平原 2 个时间段（20 世纪 70 年代和 21 世纪近 10 年）气象数据和生育期数据，研究了 2 个时间段冬小麦生育期内降水亏缺变化格局，利用构建的敏感度分析模型探讨了降水亏缺量对主要气候影响因素的敏感性特征，主要结论如下：

（1）20 世纪 70 年代与 21 世纪近 10 年黄淮海平原全生育期内降水亏缺空间分布的总趋势均表现为，由南向北降水亏缺程度逐渐加重，4 个不同生育阶段北部地区降水亏缺严重，南部地区降水亏缺相对缓和的趋势。21 世纪近 10 年，冬小麦生育期内降水亏缺面积较 20 世纪 70 年代略有增加。与 20 世纪 70 年代相比，21 世纪近 10 年来华北大部分地区冬小麦生育期内降水亏缺愈加严重。河北省石家庄地区、河南省郑州以及山东省济南地区冬小麦全生育期内降水亏缺加重程度明显。

（2）21 世纪近 10 年，黄淮海平原冬小麦播种—返青期内降水亏缺程度自江苏省徐州—河南省许昌一线往北都有所加重，返青—拔节期内降水亏缺程度有所缓解，只在华北中部地区有所加重，拔节—抽穗期内亏缺程度加重，只在华北西部山西中部太原地区水分略有盈余，抽穗—成熟期内降水亏缺有所缓解，西南部地区冬小麦抽穗—成熟期内干旱加剧，冬小麦抽穗—成熟阶段生殖生长时期，是决定千粒质量的关键期，在这个时段内，生产中应密切关注土壤墒情，做到适时灌溉，才能获得高产。

（3）冬小麦拔节—抽穗期降水亏缺量对日照时数高度正向敏感站点最多，主要分布在河北省北部地区和南部安徽省，黄淮海平原近 48 年太阳辐射量减弱（杨建莹等，2011a），日照时数减少，降水亏缺程度加重，其次是风速，降水盈亏量对温度和降水的高度正向敏感站点最少。

华北区降水量南高北低，而且大部分地区呈现降低的趋势（邓振镛等，2010），而冬小麦需水量却呈现北高南低的特点（陈玉民和郭国双，1993）。本研究基于历史气象资料比较研究了华北区两个时间段冬小麦全生育期和各生育期阶段降水亏缺格局变化特征，将为华北区冬小麦调整合理灌溉时期和灌溉定额，达到合理灌溉提供理论指导。由于杨建莹（2011b）比较研究发现华北北部地区暖干趋势明显，而中部和南部出现暖湿趋势；冬小麦生育期同时发生了不同程度的变化，播种期普遍推迟 7~10 d，拔节期提前，大部分地区成熟期推迟 5~10 d，因此本研究选择了这两个时段对冬小麦生育期内降水亏缺量进行了对比分析。受近 40 a 完整冬小麦生育期观测资料的收集限制，本章没能选择具有代表性的站点研究冬小麦生育期内降水受气候变化的影响以及降水亏缺量变化情况，这部分工作需要在以后的研究中进行加强。另外，在计算冬小麦生育期内需水量时，为了选取一套完整的冬小麦作物系数值，经过思考对比，最终选用《中国主要农作物需水量等值线图研究》（陈玉民和郭国双，1993）一书中的冬小麦作物系数作为标准作物系数，此值基本能够反映冬小麦不同生育阶段对水分的需求特征。但是，此套数据是基于 20 世纪 90 年代初期的试验计算得到，至今已经有近 20 a 的时间，是否能够准确地表征当前作物品种和气候条件下作物需水特征有待进一步研究。

参 考 文 献

陈效逑, 张福春. 1995. 近 50 年北京春季物候的变化及其对气候变化的响应. 中国农业气象, 22(1): 1-5.

陈亚新, 康绍忠. 1995. 非充分灌溉原理. 北京: 中国水利水电出版社.

陈玉民, 郭国双. 1993. 中国主要农作物需水量等值线图研究. 北京: 中国农业科学技术出版社.

崔读昌, 刘洪顺, 闵谨如, 等. 1984. 中国主要农作物气候资源图集. 北京: 中国气象出版社.

邓振镛, 王强, 张强, 等. 2010. 中国北方气候暖干化对粮食作物的影响及应对措施. 生态学报, 30(22): 6278-6288.

邓振镛, 张强, 刘德祥, 等. 2007. 气候变暖对甘肃种植业结构和农作物生长的影响. 中国沙漠, 27: 627-632.

段红星. 2005. 作物蒸散量计算模型探讨. 山西水利, 6: 83-85.

冯金朝, 黄子深. 1995. 春小麦蒸发蒸腾的调控. 作物学报, 21(5): 544-550.

高歌, 李维京, 张强. 2003. 华北地区气候变化对水资源的影响及 2003 年水资源预评估. 气象, 29(8): 26-30.

韩小梅, 申双和. 2008. 物候模型研究进展. 生态学杂志, 27(1): 89-95.

江志红, 张霞, 王翼. 2008. IPCC-AR4 模式对中国 21 世纪气候变化的情景预估. 地理研究, 27: 787-799.

康绍忠, 蔡焕杰. 1996. 农业水管理学. 北京: 中国农业出版社.

康绍忠, 刘晓明, 熊运章. 1992. 冬小麦根系吸水模式的研究. 西北农业大学学报, 20(2): 5-12.

李海涛, 于贵瑞, 袁嘉祖. 2003. 中国现代气候变化的规律及未来情景预测. 中国农业气象, 24(4): 1-4.

李荣平, 刘晓梅, 周广胜. 2006. 盘锦湿地芦苇物候特征及其对气候变化的响应. 气象与环境学报, 22(4): 30-34.

李勇, 杨晓光, 叶清, 等. 2011. 1961—2007 年长江中下游地区水稻需水量的变化特征. 农业工程学报, 27(9): 175-183.

李正国, 杨鹏, 周清波, 等. 2009. 基于时序植被指数的华北地区作物物候/种植制度的时空格局特征. 生态学报, 29: 6216-6226.

刘昌明. 2004. 水文水资源研究理论与实践——刘昌明文选. 北京: 科学出版社: 432.

刘勤, 梅旭荣, 严昌荣, 等. 2013. 华北冬小麦降水亏缺变化特征及气候影响因素分析. 生态学报, 33(20): 6643-6651.

陆佩玲, 于强, 贺庆棠. 2006. 植物物候对气候变化的响应. 生态学报, 26: 923-929.

裴顺祥, 郭泉水, 辛学兵, 等. 2009. 国外植物物候对气候变化响应的研究进展. 世界林业研究, 22(6): 31-37.

邵晓梅, 严昌荣. 2007. 黄河流域主要作物的降水盈亏格局分析. 中国农业气象, 28(1): 40-47.

沈振荣, 苏人琼. 1998. 中国农业水危机对策研究. 北京: 中国农业科学技术出版社: 235-242.

史海滨, 陈亚新, 徐英. 2000. 大区域非规则采样系统 ET_0 的最优等值线图 Kriging 法绘制应用. 农业高效用水与水土环境保护. 西安: 陕西科学技术出版社.

孙景生, 刘祖贵, 张寄阳. 2002. 风沙区参考作物需水量的计算. 灌溉排水, 21(2): 17-20.

唐国平, 李秀彬, Fischer G, 等. 2000. 气候变化对中国农业生产的影响. 地理学报, 55: 129-138.

唐启义, 冯明光. 2007. DPS 数据处理系统. 北京: 科学出版社: 636-644.

王连喜, 陈怀亮, 李琪, 等. 2010. 植物物候与气候研究进展. 生态学报, 30: 447-454.

王石立, 庄立伟, 王馥棠. 2003. 近年来我国农业气象灾害预报方法研究概述. 应用气象学报, 14: 152-164.

王铮, 郑一萍. 2001. 全球变化对中国粮食安全的影响分析. 地理研究, 20: 282-289.

肖国举, 张强, 王静. 2007. 全球气候变化对农业生态系统的影响研究进展. 应用生态学报, 18: 1877-1885.

谢贤群. 1990. 测定农田蒸发的试验研究. 地理研究, 9(4): 94-102.

辛景峰, 宇振, Driessen P M. 2001. 利用 NOAA NDVI 数据集监测冬小麦生育期的研究. 遥感学报, 5: 442-447.

徐雨晴, 陆佩玲, 于强. 2004. 气候变化对植物物候影响的研究进展. 资源科学, 26(1): 129-137.

杨贵羽, 汪林, 王浩. 2010. 基于水土资源状况的中国粮食安全思考. 农业工程学报, 26(12): 1-5.

杨建莹, 刘勤, 严昌荣, 等. 2011a. 近 48a 华北地区太阳辐射量时空格局的变化特征. 生态学报, 31(10): 2748-2756.

杨建莹, 梅旭荣, 刘勤, 等. 2011b. 气候要素变化背景下华北地区冬小麦生育期变化特征研究. 植物生态学报, 35(6): 623-631.

张福春. 1995. 气候变化对中国木本植物物候的可能影响. 地理学报, 50: 403-408.

张淑杰, 张玉书, 隋东, 等. 2010. 东北地区参考蒸散量的变化特征及其成因分析. 自然资源学报, 25(10): 1750-1761.

张学霞, 葛全胜, 郑景云, 等. 2005. 近 150 年北京春季物候对气候变化的响应. 中国农业气象, 2: 263-267.

张燕卿, 刘勤, 严昌荣, 等. 2009. 黄河流域积温数据栅格化优选. 生态学报, 29(10): 5580-5585.

赵宗慈, 王绍武, 罗勇. 2007. IPCC 成立以来对温度升高的评估与预估. 气候变化研究进展, 3: 183-184.

郑景云, 葛全胜, 郝志新. 2002. 气候增暖对我国近 40 年植物物候变化的影响. 科学通报, 47: 1584-1587.

中华人民共和国国家统计局. 2010. 中国统计年鉴, 2009. 北京: 中国统计出版社.

中华人民共和国国务院. 2008. 中国粮食安全中长期规划纲要(2008—2020 年).

Cavender J, Potts M, Zacharias E, et al. 2000. Consequences of CO_2 and light interactions for leaf phenology, growth and senescence in *Quercus rubra*. Global Change Biology, 6: 877-887.

Döll P, Siebert S. 2002. Global modeling of irrigation water requirements. Water Resources Research, 38(4): 1-8.

Gleick P H. 1989. Climate change, hydrology, and water resource. Reviews of Geophysics, 27(3): 329-344.

Houghton J T, Jenkins G J, Ephraums J J. 1990. IPCC: Climate Change, the IPCC Scientific Assessment. Cambridge: Cambridge University Press: 365.

Houghton J T, Meira Filho L G, Callander B A, et al . 1995. IPCC: Climate Change 1995: the Science of Climate Change. Cambridge: Cambridge University Press: 572.

Howell T A, Steiner J L, Schneider A D, et al. 1997. Seasonal and maximum daily evapotranspiration of irrigated winter wheat, sorghum, and corn southern high plains. Trans. ASAE, 40(3): 623-634.

IPCC(Intergovermental Panel on Climate Change). 2001. Climate Change 2001: the Scientific Basis. Cambridge: Cambridge University Press: 140-165.

Kramer K. 1994. A modeling analysis of the effects of climatic warming on the probability of spring frost damage to tree species in The Netherlands and Germany. Plant, Cell & Environment, 17: 367-377.

Maak K, Storch H. 1997. Statistical downscaling of monthly mean air temperature to the beginning of flowering of *Galanthus nivalis* L. in Northern Germany. International Journal of Biometeorology, 41: 5-12.

Mortensen L M, Field T. 1998. Effects of air humidity, lighting period and lamp type on growth and vase life of roses. Scientia Horticulturae, 73: 229-237.

Myking T. 1997. Effects of constant and fluctuating temperature on time to budburst in *Betula pubescens* and its relation to bud respiration. Trees, 12: 107-112.

Setiyono T D, Weiss A, Specht J, et al. 2007. Understanding and modeling the effect of temperature and daylength on soybean phenology under high-yield conditions. Field Crops Research, 100, 257-271.

Vergara B S, Chang T T. 1985. The Flowering Response of the Rice Plant to Photoperiod. 4th edn. Los Baños: IRRI: 61.

第四章　气候干旱特征及对冬小麦产量影响

第一节　气　候　干　旱

一、干旱灾害的发生规律

　　黄淮海平原属半干旱、半湿润地区，热量资源可满足喜凉、喜温作物一年两熟的要求，该区主要栽种方式是冬小麦—夏玉米。冬小麦一般在上年10月播种，当年6月收获，整个生育期正值降水量相对稀少时期，生育期间的降水量在125~250 mm，占年降水量的25%~29%，自然降水不能满足冬小麦生长的需要，因此冬小麦旱灾频发，一般年份冬春雨雪少，由于冬春气候干燥，积雪不多，所以春季温度上升极快，作物生长发育较迅速。春季干旱是该区小麦生产的一大威胁（金善宝，1992；迟竹萍，2009）。

　　近50年来中国北方主要农业区干旱面积在春、夏、秋、冬季节都处于上升趋势，冬季、春季发展速度最快，且春、冬两季气候干旱最为严重，中国华北地区干旱面积迅速扩大，形势严峻（徐建文等，2014）。华北平原干旱的空间分布主要呈南—北和东南—西北递增的格局（卢洪健等，2012）。马柱国（2005）指出，当前北方地区的普遍增温是干旱化加剧的主要原因。郝晶晶等（2010）利用PDSI指数分析指出，在气候变化A2情景下，黄淮海平原未来百年将呈现先变干后变湿的趋势。在未来的60年里，干旱将成为黄淮海平原长期面临的气候灾害。李森等（2008）对逐年干燥度变化趋势的分析表明，黄淮海平原干湿区域间的差异有变得更加明显的趋势，即半干旱区会愈加干旱，而半湿润和湿润区则趋于湿润化。武建军等（2011）对黄淮海平原干湿状况研究表明，研究区域内有相当大面积的区域呈现偏干趋势，主要位于呼和浩特与郑州之间的大范围区域。马柱国和符淙斌（2001）利用地表湿润指数分析了1951~2000年北方地区极端干湿事件的演变规律，指出华北极端干旱频率显著增加，而极端湿润发生的频率相对减少。王志伟和翟盘茂（2003）采用Z指数作为旱涝划分标准计算干旱发生的范围，指出51年来我国北方主要农业区干旱面积呈扩大趋势，特别是华北等地干旱面积扩大迅速形势严峻。Qian和Zhu（2001）利用降水量和气温资料发展的干旱指数分析了1880~1998年中国不同地区的干旱变化特征，指出华北地区20世纪90年代后期的干旱也十分严重。杨彬云等（2009）对河北省近40年地表干燥度的研究指出由于气温的升高，20世纪80年代往后地表干燥度呈略微上升的趋势。成林等（2007）使用降水负距平对河南省冬小麦全生育期干旱规律的研究指出，河南省冬小麦干旱以轻旱和中旱为主要特征，豫北和豫东为干旱的频发区。

二、干旱指标

目前，干旱指标大致分为 4 类，气候干旱指标、农业干旱指标、水文干旱指标和社会经济干旱指标。气候干旱一般是指降水背离正常值的测量，其指标主要有降水量与降水距平百分率、降水量分位数、标准化降水指数 SPI 和 Z 指数、相对湿润度与干燥度指数、Palmer 干旱指数、干旱综合指数 CI 等。农业干旱指的是土壤中的水分含量不再满足特定农作物的需要，其指标主要有土壤水分指标、农作物旱情指标、作物需水指标等（Lloyd-Hughes and Saunders，2002；Boken，2005；姚玉璧，2007；张强等，2009）。研究上常用降水距平百分率来表征一定时期内低于正常降水量的持续，其计算方法简单，但是只考虑了降水量，未考虑蒸发和下垫面状况，且该方法实质上暗含着将降水量当作正态分布来考虑，而实际上多年平均值一般并不是降水量长期序列的中位数，由于降水量时空分布的差异，降水量偏离正常值的不同距离的出现频率以及不同地区降水量偏离正常值的距离大小是难以相互比较的。近年来，世界气象组织（WMO）采用标准化降水指数（SPI）作为衡量气候干旱的全球标准。国际上及国内多位学者使用 SPI 指数对本国的干旱规律进行了研究（Bonaccorso et al.，2003; Livada and Assimakopoulos，2007; Łabędzki，2007; Zhang et al.，2009）。SPI 指数功能强大、计算简单，可用于任意时间尺度，对干旱的反应较灵敏。但是其假定了所有地点旱涝发生概率相同，无法标识频发地区，此外没有考虑水分的支出（袁文平和周广胜，2004）。Palmer 旱度指数（PDSI）由于使用了降水量和气温作为输入量，所反映的干旱变化考虑了 20 世纪气候变暖这一基本的气候变化背景，且该指标考虑了前期降水，能够综合反映某地区实际水分供应持续地少于当地气候适宜水分供应的水分亏缺状况，因此近年来被我国国家气候中心以及国内外大量学者使用（Lloyd-Hughes and Saunders，2002；Mika et al.，2005；Zhao and Runnings，2010）。但是其输入量包括了土壤湿度的资料，因此由于资料不可获得而不能应用于未来气候情景下干旱的研究。另外，土壤水分指标常被用于监测农业干旱，其主要考虑大气降水与土壤水分的平衡。常用的土壤水分指标有土壤相对湿度、土壤水分亏缺量、相对蒸散等。由于我国目前业务上使用的土壤湿度资料是每旬逢"8"测定一次，往往漏掉中间的干旱时段或明显的降水过程，使得土壤湿度资料失去代表性，而且区域尺度上的土壤湿度资料也较难获取。利用气象资料计算得到的相对湿润度指数综合考虑了降水和下垫面的蒸发情况，适用于作物生长季节旬以上尺度的干旱监测和评估（郭晶等，2008；马建勇等，2012）。Sun 等（2004）利用整合的高分辨率辐射计与归一化植被指数建立了蒸散量与相对湿润度指数的关系，估算了黄河流域的蒸散量。王明田等（2012）使用相对湿润度指数研究了西南地区季节性干旱的时空分布特征。多位学者研究了相对湿润度指数在农业干旱监测业务中的应用方法（马晓群等，2009；冯建设等，2011）。本研究将采用相对湿润度指数来反映黄淮海平原的干旱特征。

三、干旱识别

气候异常所导致的干旱对中国的粮食生产有着明显的影响（Mu and Khan，2009）。干旱对小麦生长发育影响较大的时期是播种期、拔节后期到孕穗与灌浆期。在播种期缺水可造成缺苗断垄。在拔节后期到孕穗为小麦的需水临界期，此时期受旱比其他时期受旱对产量的影响更大。其中尤以花粉母细胞四分体期对水分亏缺最为敏感，可造成小花大量退化不孕，粒数大减。灌浆期是小麦一生中需水最多的时期，其中尤以乳熟前需水最多，缺水可使粒小而瘪。从对冬小麦产量构成因素的影响看，秋冬和早春干旱主要影响穗数；春旱主要影响粒数，对穗数也有一定影响；不仅灌浆期干旱主要影响粒重，而且籽粒形成初期受旱也会影响粒数和粒重（金善宝，1996）。

在黄淮海农作区，由于降水减少，水分亏缺增大，从而导致水分对气候生产潜力限制作用增大（王宏等，2010）。吕丽华等（2007）研究表明拔节期到抽穗期水分胁迫造成的冬小麦的减产幅度最大，在灌浆期的水分胁迫同样可以造成产量的降低。房稳静等（2006）研究指出灌浆期干旱明显影响小麦的灌浆速率，而且使小麦灌浆时间缩短，且灌浆前期干旱有促进灌浆和增加粒重的作用。吴少辉等（2002）研究指出籽粒灌浆速率对小麦粒重形成作用显著，提高渐增期和快增期灌浆速率对提高粒重尤为重要。谢明等（2008）分析指出，淮北地区冬小麦抽穗开花期降水显著偏少，干旱频率显著增多，直接影响到小麦开花授粉和灌浆，对产量影响较大。多位学者（居辉等，2006；Gevrek and Atosoy，2012；Dalvandi et al.，2013）对冬小麦不同生育期干旱与复水对产量和产量构成要素的影响进行了大田试验研究。宋艳玲和董文杰（2006）使用 WOFOST 作物模型分析了 1961~2000 年干旱对我国北方冬小麦产量的影响。张建平等（2012，2013）则用 WOFOST 模型研究了典型年份的冬小麦生育期干旱对产量的影响。由于黄淮海平原冬小麦大部分均有灌溉的习惯，因此通过气候干旱来表征的区域范围的干旱灾损并不一定能够反映实际的农业干旱灾情。Quirogua 和 Iglesias（2007）指出可以通过经验模型评价的方法，来量化干旱对作物产量的潜在影响，进而发现气候和农业之间的关系。

（本节作者：林而达　陈敏鹏　姜　帅）

第二节　冬小麦生长季干湿状况的时空分布

一、数据来源与方法

本研究采用的历史气象数据为中国气象科学数据共享服务网（http://cdc.

cma.gov.cn/）所提供的中国地面气候资料日值数据集，气象要素包括各气象站点逐日降水量（mm）、平均气温（℃）、最低气温（℃）、最高气温（℃）、日照时数（h）、风速（m·s⁻¹）和平均相对湿度（%），气象站点见图 4-1。对于气象数据的缺失，温度（平均、最高、最低温度）缺测值利用 5 日滑动平均法进行插补，降水量缺测值利用附近站点数据进行线性插补（高晓容，2012）。

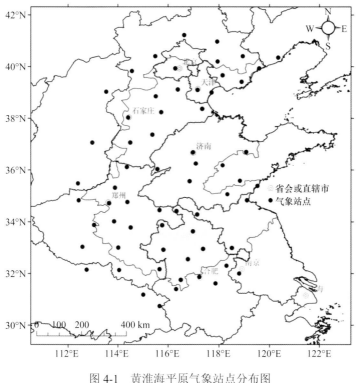

图 4-1　黄淮海平原气象站点分布图

Figure 4-1　The location of meteorological stations in the Huang-Huai-Hai Plain

本节在分析春、夏、秋、冬 4 个季节和冬小麦生长季内相对湿润度和气候要素的年际变化与区域变化时，定义 3~5 月为春季，6~8 月为夏季，9~11 月为秋季，12 月至翌年 2 月为冬季，10 月至翌年 6 月为冬小麦生长季。

二、相对湿润度的变化特征

（一）相对湿润度的年际变化特征

从黄淮海平原近 54 年的相对湿润度的年际变化（表 4-1）和相对湿润度气候干旱等级划分标准（表 4-2）可以看出，春季、冬季，以及冬小麦生长季内表现为不同程度的干旱，相对湿润度均小于–0.4，其中春季及冬小麦生长季内表现为轻旱，冬季表现为中旱；在夏季，无干旱发生，且春季和冬季都有极端干旱发生。春、夏季以及整个生长季都有变湿的趋势，秋季有变干的趋势，但是相对湿润度的变化趋势都不显著；冬季的相对湿润度呈极显著增加，表现为变湿的趋势。

表 4-1　相对湿润度基本特征及年际变化趋势

Table 4-1　The characteristic and trend of variation of relative moist index

季节 Seasons	平均值 Mean value	最大值 Maximum value	最小值 Minimum value	变化趋势 Slope（·10a^{-1}）
春季 Spring	−0.63	−0.10	−0.92	0.003
夏季 Summer	0.09	0.52	−0.40	0.013
秋季 Autumn	−0.36	0.36	−0.82	−0.007
冬季 Winter	−0.72	0.00	−0.99	0.058**
冬小麦生长季 Winter wheat growing season	−0.57	−0.26	−0.76	0.018

*，**分别表示通过了显著水平 0.05 和 0.01 的检验

* indicates a significance level of 0.05, and ** indicates a significance level of 0.01

表 4-2　相对湿润度气候干旱等级划分表

Table 4-2　The meteorological drought classification of relative moist index

等级 Level	类型 Type	相对湿润度 Relative moist index
1	无旱	−0.40＜M
2	轻旱	−0.65＜M≤−0.40
3	中旱	−0.80＜M≤−0.65
4	重旱	−0.95＜M≤−0.80
5	特旱	M≤−0.95

（二）4 个季节相对湿润度的区域变化

从相对湿润度的区域变化（图 4-2）可以看出黄淮海平原的四季干旱特征总体表现为春季和冬季较干旱，而且干湿状况的分布均表现为由南向北干旱程度递增的趋势。春季，河北东南部及北京、天津西南部地区为重旱地区；天津东北部、唐山、河北西南部、河南黄河以北及山东兖州以北为中旱区域；在郑州与兖州一带至淮河流域之间的区域表现为轻旱特征；夏季，整个黄淮海平原都表现为湿润的特征。秋季，在整个黄淮海区域的黄河以北地区均表现为轻旱的特征，其余为湿润地区。冬季为黄淮海平原干旱程度最为严重的季节，北京西南部小部分地区出现特旱，而且整个黄河以北区域及济南至泰山一带都表现为重旱的特征，受旱面积达到整个黄淮海区域的一半左右；另外，山东南部及河

南开封至西华一带呈中旱的特征；江苏与安徽的淮河以北及河南的驻马店至商丘一带表现为轻旱的特征。由图 4-2 中可以看出，干旱的分布由南向北呈带状分布，这主要也与黄淮海流域水系的纬向分布有关，且黄河以北的地区干旱较为严重，淮河以南基本为无旱区域。

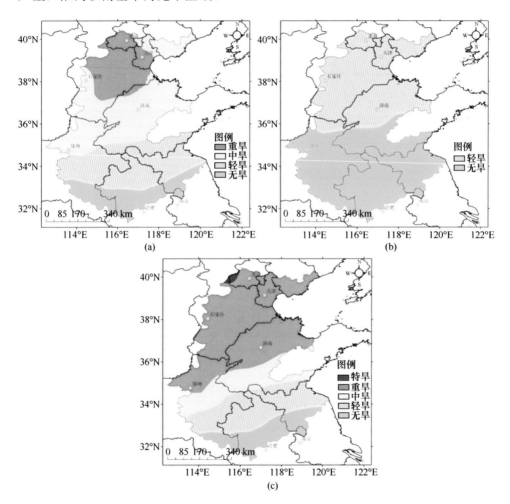

图 4-2　春季（a）、秋季（b）、冬季（c）相对湿润度的区域变化
Figure 4-2　The region variability of relative moist index in spring(a), autumn(b)and winter(c)

三、冬小麦生长季相对湿润度的变化特征

（一）冬小麦生长季内相对湿润度的年际变化

由图 4-3a 可以看出，从 1961~2011 年黄淮海平原在冬小麦生长季内的相对湿润度除个别年份外均小于−0.4，即表现为干旱的特征，且从相对湿润度的 5 年滑

动平均可以看出，近 50 年该地区有变湿的趋势，但是趋势不明显。为了把握近 50 年冬小麦生长季内干旱变化规律，对相对湿润度的年际变化作 M-K 突变检验（图 4-3b），结果发现，在上下两条±1.96（α=0.05）的置信线内，1961~2011 年黄淮海平原相对湿润度的 UF（原序列）与 UB（反向序列）两条曲线在 1978 年相交，即 1978 年为突变开始的年份，1989 年往后 UF 曲线趋势超过了 1.96（α=0.05）的信度线，即 1989~2011 年为出现突变的时间区域。因此，我们分别将 1961~1988 年和 1989~2011 年两个时段作趋势分析（图 4-3c），由图可知，在 1961~1988 年，相对湿润度呈现增加的趋势，也就是干旱减弱的趋势。而在 1989~2011 年，相对湿润度呈明显减小的趋势，即出现干旱加重的趋势。总之，虽然在整个分析期内冬小麦生长季干旱减轻，但是在近 20 年干旱出现了加重，且干旱加重的趋势为一种突变现象。

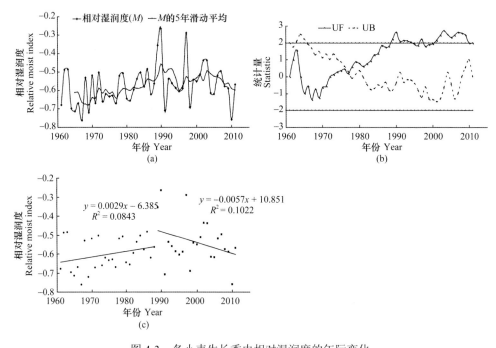

图 4-3　冬小麦生长季内相对湿润度的年际变化

Figure 4-3　The annual variation of relative moist index in winter wheat growing season

（二）冬小麦生长季内相对湿润度的区域变化

从图 4-4a 中可以看出，黄淮海平原冬小麦生长季内的干湿特征的空间分布也呈现从南向北逐渐变干的趋势。其中，除秦皇岛以外，整个黄河以北地区均为中旱地区；山东中南部、河南中东部与江苏和安徽的西北小部分区域，表现为轻旱的特征；其余区域无干旱发生。图 4-4b 为相对湿润度的线性趋势分布，从图中可以看出，黄淮海平原除个别站点外相对湿润度均有增加的趋势，且趋势的分布从河南向西南方向及东北方向均有增加趋势，即河南省变湿的趋势最弱，而京津唐地区及安徽、江苏北部变湿的趋势较大，北京、保定、塘沽、黄骅、济南及西华和商丘的相对湿润度有显著增加的趋势。

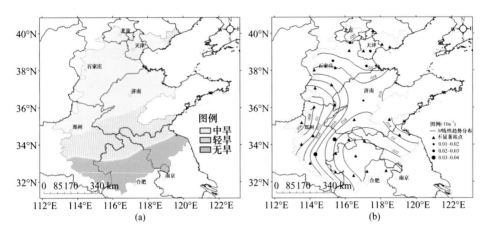

图 4-4　冬小麦生长季内相对湿润度的区域变化

Figure 4-4　The region variability of relative moist index in winter wheat growing season

四、气候干旱频率及其区域分布

（一）不同程度干旱的发生频率

黄淮海平原降水主要集中在夏季，春、冬两季降水较少，所以从 1961~2011 年这 50 年间，4 个季节及冬小麦生长季的干旱发生的频率差别很大（图 4-5）。在春季，无旱的年份只有 10%，轻旱和中旱的年份分别占到 36% 和 40%，其中 2007~2010 年这 4 年持续发生轻旱，中旱持续时间最长的则为 1992~1996 年连续 5 年；重旱发生的年份也占到了 14%，分别为 1962 年、1965 年、1968 年、1978 年、1981 年及 2000~2001 年，这与《中国气象灾害大典》所记载的重大干旱灾害事件中黄淮海平原春旱的年份基本相符（温克刚和丁一汇，2008）。夏季，基本无干旱年份。在秋季，无旱的年份占到了一半，轻旱和中旱的年份分别占 38% 和 8%，其中 1978~1982 年持续 5 年发生轻旱，重旱发生的年份只有 4%，分别为 1966 年和 1998 年；冬季，由于降水较少，干旱发生的频率也最大，无旱的年份只占 10%，轻旱和中旱的频率分别为 16% 和 28%，重旱的频率高达 40%，其中 1969~1973 年连续 5 年都为重旱年份，在 1962 年、1967 年和 1976 年这 3 个年份，都发生了特级干旱；在整个冬小麦生长季，无旱的频率只有 6%，轻旱和中旱的频率分别为 68% 和 26%，其中轻旱从 1999~2009 年持续了 11 年，1964~1967 年这 4 年则持续表现为中等干旱。

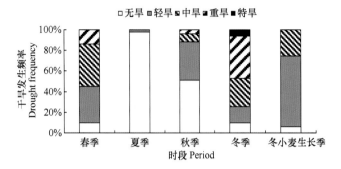

图 4-5　4 个季节及冬小麦生长季内不同程度干旱的发生频率

Figure 4-5　The frequency of different drought in four seasons and winter wheat growing season

（二）干旱频率的区域分布

图 4-6 为 1961~2010 年黄淮海平原干旱发生频率的区域分布，从图中可以看出，干旱频率的区域分布与干旱强度的区域分布有相似的规律，从南到北干旱发生的频率逐渐递增，且春季和冬季高频干旱发生的区域面积最大，北京、天津、河北、山东及河南北部干旱发生的频率都达到 80% 以上，其余区域受旱频率也基本都达到 50% 以上，仅安徽中部小片区域频率在 40% 以下；夏季，只有北京、河北及河南中北部地区的干旱发生频率在 20%~40%，其余地区都在 20% 以下；秋季，干旱频率高于 80% 的区域主要为北京西部、天津南部及河北东部地区，干旱程度明显低于春冬两季，另外，干旱频率为 60%~80% 的区域只有分布在京津唐、河北南部及山东北部，河南东南部及安徽、江苏大部分区域的受旱频率都在 40% 以下。从整个冬小麦生长季的干旱频率分布来看，低频的区域面积要大于春冬两季，安徽的中北部、河南驻马店以南及江苏西部小部分区域的干旱频率都低于 40%，但是，高频的区域仅次于春冬两季，北京、天津、河北、河南中北部及山

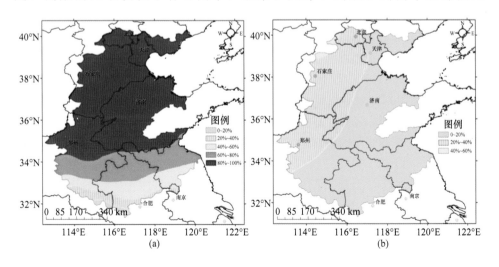

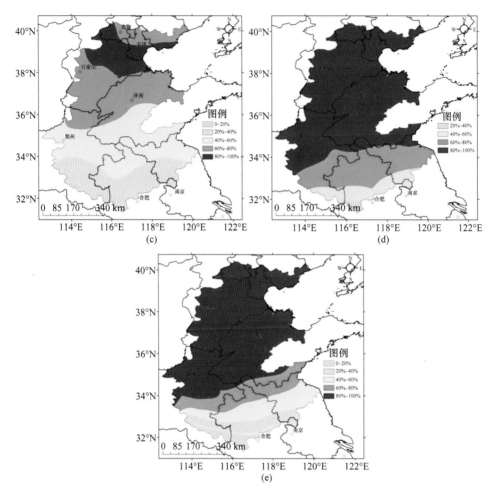

图 4-6　4 个季节（a，b，c，d）及冬小麦生长季（e）干旱发生频率的区域分布

Figure 4-6　The region variability of drought frequency in four seasons(a, b, c, d,)and winter wheat growing season(e)

东的大部分区域的干旱频率都达到了 80%~100%，另外，商丘、日照以南，驻马店、淮安以北区域的干旱频率也达到了 40%~80%。

五、气候干旱特征对气候变化的区域响应

从表 4-3 中可以看出，近 50 年来，4 个季节与冬小麦生长季内日平均温度都有增加的趋势，这与近些年来气候变暖的事实相符，除夏季外日平均温度增加的趋势都通过了 P<0.01 的显著性检验，其中冬季的日平均温度增幅达 0.420℃·10 a^{-1}。4 个季节和冬小麦生长季内的太阳辐射量、平均相对湿度和风速都表现出了减小的趋势，太阳辐射量和风速在 4 个季节和冬小麦生长季的变化趋势都通过了

$P<0.01$ 的显著性检验，其中太阳辐射量在夏季的 10 年减幅达-0.728 MJ·m^{-2}·d^{-1}，风速在春季、冬季及冬小麦生长季的减幅都达到-0.200 m·s^{-1}·10 a^{-1} 以上；相对湿度在冬小麦生长季减小的趋势通过了 $P<0.05$ 的显著性检验，减幅为-0.687%·10 a^{-1}。降水量的变化表现为夏秋两季减少，春季、冬季和冬小麦生长季内的降水量呈增加的趋势，其中冬季的变化趋势通过了 $P<0.01$ 的显著性检验，为 5.54 mm·10 a^{-1}。

表 4-3   黄淮海平原季节干旱和冬小麦生长季干旱对气候变化的响应
Table 4-3   The response of drought in seasons and winter wheat growing season to climate change

	季节 Season	温度 Air temperature （℃）	太阳辐射量 Solar radiation （MJ·m^{-2}·d^{-1}）	相对湿度 Relative humidity （%）	风速 Wind speed （m·s^{-1}）	降水量 Precipitation （mm）
气候要素的年际变化趋势 Annual variation tendency of climatic factors （·10 a^{-1}）	春季	0.315**	−0.172*	−0.831	−0.205**	1.721
	夏季	0.063	−0.728**	−0.239	−0.140**	−6.815
	秋季	0.224**	−0.296**	−0.852	−0.157**	−2.219
	冬季	0.420**	−0.269**	−0.479	−0.206**	5.538**
	冬小麦生长季	0.329**	−0.286**	−0.687*	−0.204**	9.596
M 与气候要素的相关系数 Correlation coefficient of M with climatic factors	春季	−0.287*	−0.588**	0.674**	−0.198	0.985**
	夏季	−0.391*	−0.383**	0.589**	−0.176	0.979**
	秋季	−0.176	−0.488**	0.575**	−0.147	0.987**
	冬季	0.165	−0.554**	0.512**	−0.244**	0.983**
	冬小麦生长季	−0.100	−0.441**	0.468**	−0.209*	0.976**

*，**分别表示通过了显著水平 0.05 和 0.01 的检验
*indicates a significance level of 0.05, and ** indicates a significance level of 0.01

从 4 个季节和冬小麦生长季内的相对湿润度与相应时段各气候要素之间的相对系数来看，相对湿润度的年际变化与降水量、太阳辐射和平均相对湿度这 3 个气候要素的相关性最大，其中与 4 个季节和冬小麦生长季的降水量的相关系数都达到了 0.97 以上，且都通过了 $P<0.01$ 的显著性检验。另外，从表中可以看出相对湿润度与温度、太阳辐射量和风速都呈负相关，与相应时段太阳辐射量的相关性表现为春季和冬季较高，达到了-0.588 和-0.554，夏、秋季和冬小麦生长季次之，相关性都通过了 $P<0.01$ 的显著性检验；与平均相对湿度的相关性则呈现出从春季到冬季再到冬小麦生长季逐渐递减的规律，其中春季的相关系数最大，达到 0.674，生长季的最小，为 0.468；相关性也都通过了 $P<0.01$ 的显著性检验。另外，相对湿润度的变化与相应时段的平均风速也表现出一定的相关性，其中和冬季的相关系数通过了 $P<0.01$ 的显著性检验，达到了-0.244，与冬小麦生长季的相关系数通过了 $P<0.05$ 的显著性检验，为-0.209；与平均温度的相关系数在春季和夏季通过了 $P<0.05$ 的显著性检验，相关系数分别为-0.287 和-0.391，由此可知黄淮海平原在春、夏两季将会随着温度的升高呈干旱化的趋势。通过以上分析可知，在全球气候变暖的这样一

个气候变化的背景下，黄淮海平原的平均温度有升高的趋势，太阳辐射量、平均相对湿度与风速则有降低的趋势；相对湿润度的年际变化与降水、太阳辐射量和相对湿度的变化极显著相关，即黄淮海平原的干旱特征对这 3 个气候要素的变化最为敏感，其次，风速在冬季和冬小麦生长季也与相对湿润度表现出显著的相关性。

（本节作者：居　辉　刘　勤　徐建文）

第三节　典型站点冬小麦生育阶段的气候干旱特征

一、典型站点选取

本研究根据中国农作制区划（刘巽浩和陈阜，2003）中一级农业区六区下的 5 个亚区（图 4-7 中 I 区、II 区、III 区、IV 区、V 区）及一级农业区八区下的 1

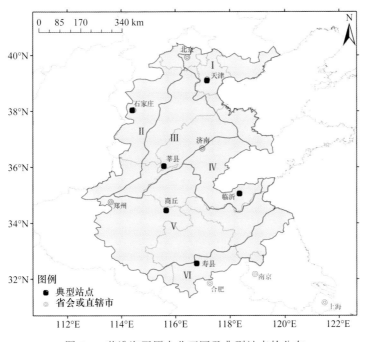

图 4-7　黄淮海平原农业亚区及典型站点的分布

Figure 4-7　The location of irrigated and non-irrigated winter wheat sites and typical meteorological stations in the Huang-Huai-Hai Plain

I 区：环渤海山东半岛滨海外向型二熟农渔区；II 区：燕山太行山山前平原水浇地二熟区；III 区：海河低平原缺水水浇地二熟兼旱地一熟区；IV 区：鲁西平原鲁中丘陵水浇地旱地二熟区；V 区：黄淮平原南阳盆地水浇地旱地二熟区；VI 区：江淮平原丘陵麦稻两熟区

Sub-zone I : export-oriented double cropping agricultural and fishing region in Shandong Peninsula coast around Bohai; sub-zone II : irrigated double cropping plain in piedmonts of Taihang Mountain and Yan Mountain; sub-zone III: irrigated double cropping region and drought one cropping region in the lower Haihe Plain; sub-zone IV: irrigated and drought double cropping region in the west plain and the middle hills of Shandong; sub-zone V : irrigated and drought double cropping region in the Nanyang Basin of the Huang-Huai Plain; sub-zone VI : wheat and rice double cropping region in Jianghuai Plain

个亚区（图 4-7 中Ⅵ区），遵守均衡分布和站点资料可获取的原则，在每个农业亚区中选择了一个典型站点，站点分布如图 4-7 所示。

二、冬小麦生育阶段的气候干旱特征

（一）相对湿润度的变化特征

黄淮海平原近 30 年来冬小麦各生育阶段的相对湿润度变化特征如表 4-4 所示，除苗期外，各生育阶段的相对湿润度从天津到寿县，呈现由北向南逐渐增大的趋势，即由北向南干旱逐渐减轻，且寿县在冬小麦的各生育阶段除苗期外相对湿润度均大于-0.4，表现为无旱的特征，这种南北分布主要是黄淮海平原降水量与太阳辐射量等气候要素的纬向分布导致的。在冬小麦全生育期，相对湿润度的年际变化趋势不大，天津与石家庄为 0.01·10 a^{-1}，莘县和临沂为-0.01·10 a^{-1}，而商丘和寿县则分别为 0.01·10 a^{-1} 和 0.03·10 a^{-1}，从相对湿润度的区域分布来看，在冬小麦全生育期黄淮海平原偏南部与偏北部有干旱减弱的趋势，而中部有干旱化的趋势，但是趋势不显著。而在苗期，相对湿润度的年际变化趋势明显，且区域分布与全生育期一样存在南北部与中部的差异，其中，天津的变化趋势达到 0.79·10 a^{-1}，而莘县与临沂的变化趋势为-0.34·10 a^{-1} 和-0.44·10 a^{-1}，表现为变干的趋势。在出苗—拔节期，由于黄淮海平原冬季降水较少，所以这一时期干旱较为严重，其中天津表现为重旱的特征，但是相对湿润度的年际变化趋势不明显，呈现微弱的干旱化的趋势。拔节—抽穗期的干旱程度则最为严重，但是相对湿润度的变化率除天津外均有增加的趋势，表现为干旱减弱的趋势。而在抽穗—成熟期，相对湿润度的年际变化均在减小，即有干旱化的趋势。

表 4-4　黄淮海平原冬小麦生育阶段相对湿润度的变化特征
Table 4-4　The variability of relative moist index in growth stages of winter wheat in the Huang-Huai-Hai Plain

站点 Stations	全生育期 Whole growth period		播种—出苗期 Sowing to seeding stage		出苗—拔节期 Seeding to jointing stage		拔节—抽穗期 Jointing to heading stage		抽穗—成熟期 Heading to maturity stage	
	均值 Mean value	变化率 Slope (·10a^{-1})	均值 Mean value	变化率 Slope (·10a^{-1})	均值 Mean value	变化率 Slope (·10a^{-1})	均值 Mean value	变化率 Slope (·10a^{-1})	均值 Mean value	变化率 Slope (·10a^{-1})
天津 Tianjin	-0.77	0.01	-0.15	0.79	-0.84	-0.01	-0.74	-0.05	-0.72	-0.01
石家庄 Shijiazhuang	-0.75	0.01	-0.61	0.19	-0.77	-0.00	-0.81	0.03	-0.67	-0.00
莘县 Shenxian	-0.72	-0.01	-0.43	-0.34	-0.77	-0.01	-0.79	0.08	-0.61	-0.02
临沂 Linyi	-0.56	-0.01	-0.51	-0.44	-0.59	-0.02	-0.70	0.09	-0.45	-0.01
商丘 Shangqiu	-0.53	0.01	-0.24	0.22	-0.51	0.03	-0.64	0.07	-0.48	-0.04
寿县 Shouxian	-0.26	0.03	-0.45	0.34	-0.10	-0.02	-0.35	0.21	-0.36	-0.01

（二）干旱频率

从黄淮海平原冬小麦生育阶段不同程度干旱频率的区域分布（图4-8）可以看出，在播种—出苗期，特旱的发生频率要高于其他程度的干旱，其中除临沂（图4-8e）与寿县（图4-8f）外，特旱的频率都达到了50%及以上；在出苗—拔节期，天津（图4-8a）、石家庄（图4-8b）与莘县（图4-8c）主要以中旱和重旱为主，其中天津重旱的频率超过了60%，而商丘与临沂主要以轻旱为主；在拔节—抽穗期，干旱较出苗—拔节期有所加重，不同程度的干旱均有发生，但天津、石家庄

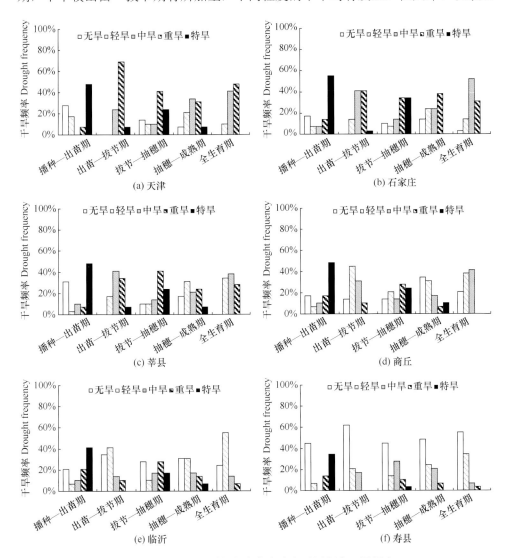

图4-8　黄淮海平原冬小麦生育阶段不同程度干旱频率

Figure 4-8　The variability of different drought frequency in five growth stages of winter wheat in the Huang-Huai-Hai Plain

与莘县重旱与特旱的频率较高，特旱的频率也都达到了 20%以上；抽穗—成熟期，特旱发生的频率明显降低，但是天津、石家庄与莘县重旱的频率仍很高，在 30% 及以上；总体来看，天津与石家庄在冬小麦全生育期主要以中旱和重旱为主，频率在 40%左右，而莘县在冬小麦全生育期轻旱、中旱和重旱的频率相当，在 30%~40%，商丘则主要以轻旱和中旱为主，频率均在 40%左右；临沂和寿县则以轻旱为主，频率为 40%~50%。从干旱频率的区域分布也可以看出，黄淮海平原干旱发生的程度与频率存在着南北差异，表现为北部干旱强于南部。

另外，近 30 年黄淮海平原冬小麦的各生育阶段，不仅中等干旱程度以上频率较高，而且在时间上也有持续性。由表 4-5 中可以看出，在全生育期，天津、石家庄与莘县均有持续 5 年以上的干旱发生，其中石家庄在 1981~1989 年连续 9 年发生中旱；在播种—出苗期，天津与石家庄都出现了连续的特旱，而临沂则在 1989~1993 年持续 5 年重旱；在出苗—拔节及拔节—抽穗期，天津、石家庄和莘县都有持续干旱发生，尤其是天津在出苗—拔节期，从 1995~2008 年连续 14 年重旱，石家庄在拔节—抽穗期也在 1981~1986 年持续发生了 6 年重旱；在抽穗—成熟期，只有石家庄和临沂分别在 1993~1997 年和 1998~2004 年连续 5 年重旱。从区域分布来看，天津、石家庄的干旱持续较为严重，而寿县近 30 年没有干旱的持续（表 4-5）。

表 4-5　黄淮海平原冬小麦生育阶段中等程度以上干旱持续时间 5 年以上的分布状况
Table 4-5　The distribution of the continuous drought in growth stages of winter wheat in the Huang-Huai-Hai Plain

生育阶段 Growth stages	天津 Tianjin	石家庄 Shijiazhuang	莘县 Shenxian	临沂 Linyi	商丘 Shangqiu	寿县 Shouxian
全生育期 Whole growth period	中旱： 2004~2008 年	中旱： 1981~1989 年 中旱： 1992~1997 年	中旱： 2004~2008 年		轻旱： 1992~1997 年	
播种—出苗期 Sowing to seeding stage	特旱： 1991~1995 年	特旱： 2005~2009 年		重旱： 1989~1993 年		
出苗—拔节期 Seeding to jointing stage	重旱： 1995~2008 年	中旱： 1981~1989 年 中旱： 1992~1996 年	中旱： 1981~1989 年 中旱： 2000~2005 年		轻旱： 1992~1996 年	
拔节—抽穗期 Jointing to heading stage	中旱： 1985~1989 年 中旱： 1999~2003 年	重旱： 1981~1986 年	中旱： 1995~2000 年			
抽穗—成熟期 Heading to maturity stage		重旱： 1993~1997 年		重旱： 1998~2004 年		

三、冬小麦生育阶段气候因素的年际变化趋势

对黄淮海平原冬小麦主要生育阶段的气候要素的变化率进行分析（表 4-6），

表 4-6 黄淮海平原冬小麦生育阶段气候要素的年际变化趋势

Table 4-6 The annual variation of climate factor in five growth stages of winter wheat in the Huang-Huai-Hai Plain

站点 Station	全生育期 Whole growth period		播种—出苗期 Sowing to seeding stage		出苗—拔节期 Seeding to jointing stage		拔节—抽穗期 Jointing to heading stage		抽穗—成熟期 Heading to maturity stage	
	均值 Mean value	变化率 Slope	均值 Mean value	变化率 Slope	均值 Mean value	变化率 Slope	均值 Mean value	变化率 Slope	均值 Mean value	变化率 Slope
平均温度 Mean temperature（℃）										
天津 Tianjin	8.0	0.02	18.4	0.04	4.0	0.01	16.4	-0.07	21.4	-0.06**
石家庄 Shijiazhuang	9.2	0.06**	18.1	0.01	5.3	0.06**	15.8	-0.05**	21.4	-0.02
莘县 Shenxian	8.3	0.03*	15.8	-0.06	4.3	0.03	14.3	-0.03	19.7	-0.04
临沂 Linyi	9.0	0.00	17.1	-0.08	5.1	-0.00	15.0	-0.03	20.4	-0.04
商丘 Shangqiu	9.3	0.05**	15.9	0.07	5.4	0.04**	13.8	-0.00	19.9	-0.02
寿县 Shouxian	9.7	0.04**	14.1	0.21**	5.7	0.05**	13.3	-0.05	19.6	-0.06
太阳辐射量 Solar radiation（MJ·m^{-2}·d^{-1}）										
天津 Tianjin	3463	-12.7**	120	0.16	2138	-10.9**	387	-6.30**	819	4.35**
石家庄 Shijiazhuang	3279	-6.34	100	1.06**	1914	-11.1**	414	-1.53	851	5.19**
莘县 Shenxian	3148	-6.98**	127	2.75**	1787	-10.1**	431	-0.74	804	1.11
临沂 Linyi	3408	-12.4**	117	0.36	1986	-9.99**	451	-2.58	855	-0.23

续表

站点 Station	全生育期 Whole growth period		播种—出苗期 Sowing to seeding stage		出苗—拔节期 Seeding to jointing stage		拔节—抽穗期 Jointing to heading stage		抽穗—成熟期 Heading to maturity stage	
	均值 Mean value	变化率 Slope	均值 Mean value	变化率 Slope	均值 Mean value	变化率 Slope	均值 Mean value	变化率 Slope	均值 Mean value	变化率 Slope
商丘 Shangqiu	2917	-3.38	104	0.00	1601	-7.10**	420	-1.32	791	5.04**
寿县 Shouxian	2792	-3.06	174	-2.30	1417	-4.68	435	-1.60	765	5.51*
相对湿度 Relative humidy (%)										
天津 Tianjin	57.0	0.08	66.4	0.24	57.1	0.13	50.9	-0.12	57.4	-0.20
石家庄 Shijiazhuang	56.2	-0.22*	65.2	-0.42	56.2	-0.24	51.1	-0.04	57.0	-0.21
莘县 Shenxian	66.6	0.03	73.4	-0.43*	66.0	0.04	63.4	0.19	69.3	-0.02
临沂 Linyi	63.6	0.13	70.0	-0.03	63.1	0.16	60.0	0.04	65.3	0.05
商丘 Shangqiu	69.3	-0.13	74.8	-0.16	68.8	-0.01	66.2	-0.10	70.1	-0.04
寿县 Shouxian	74.6	-0.07	73.1	-0.06	74.1	-0.02	74.1	-0.22	75.3	-0.15
风速 Wind speed (m·s⁻¹)										
天津 Tianjin	2.41	0.01	1.97	-0.00	2.33	0.01	3.03	0.01	2.61	0.05
石家庄 Shijiazhuang	1.75	-0.02**	1.31	-0.02**	1.67	-0.02**	2.22	-0.03**	1.96	-0.02**
莘县 Shenxian	2.90	-0.02**	2.51	-0.03**	2.82	-0.02**	3.41	-0.04**	3.06	-0.04**

续表

站点 Station	全生育期 Whole growth period		播种—出苗期 Sowing to seeding stage		出苗—拔节期 Seeding to jointing stage		拔节—抽穗期 Jointing to heading stage		抽穗—成熟期 Heading to maturity stage	
	均值 Mean value	变化率 Slope	均值 Mean value	变化率 Slope	均值 Mean value	变化率 Slope	均值 Mean value	变化率 Slope	均值 Mean value	变化率 Slope
临沂 Linyi	2.75	-0.01*	2.50	-0.02	2.67	-0.01*	3.16	-0.01	2.91	-0.01*
商丘 Shangqiu	2.31	-0.01*	1.98	-0.03*	2.17	-0.01	2.75	-0.00	2.63	-0.02**
寿县 Shouxian	3.11	-0.01*	3.10	-0.00	3.10	-0.01*	3.36	-0.01	3.10	-0.02*
降水 Precipitation（mm）										
天津 Tianjin	136.1	0.31	14.58	1.20	50.70	-0.32	19.81	-0.74	50.99	0.17
石家庄 Shijiazhuang	136.3	0.48	5.66	0.29	58.58	-0.36	14.99	0.14	57.05	0.42
莘县 Shenxian	143.2	-0.42	9.31	-0.23	55.99	-0.50	15.93	0.56	61.99	-0.24
临沂 Linyi	235.6	-1.24	8.10	-0.70	109.8	-1.00	24.37	0.52	93.33	-0.07
商丘 Shangqiu	215.9	0.64	9.36	-0.28	101.1	0.47	25.9	0.51	79.42	-0.06
寿县 Shouxian	313.4	0.56	12.9	-0.29	164.9	-0.88	46.08	1.18	89.50	0.56

*、**分别表示通过了显著性水平 0.05 和 0.01 的检验

*indicates a significance level of 0.05, and ** indicates a significance level of 0.01

从表中可以看出，在冬小麦全生育期，各站点的平均温度均有增加的趋势，变化范围在 0~0.06℃，且除天津与临沂外，均通过了 $P<0.05$ 的显著性检验，这与近些年来气候变暖的事实相符（IPCC，2007），出苗—拔节期的温度变化情况与全生育期相似；在拔节—抽穗期，各站点的温度均有降低的趋势，且温度降低的趋势在抽穗—成熟期更为明显，变化范围在$-0.06~-0.02℃$；总体而言，在冬小麦生育前期，温度有上升的趋势，生育后期有下降的趋势，整个生育期温度呈显著升高的趋势。太阳辐射量的变化与温度的变化趋势正好相反，在冬小麦全生育期与出苗—拔节期，太阳辐射量为减少的趋势，变化范围在$-12.7~-3.06MJ·m^{-2}·d^{-1}$，通过了 $P<0.01$ 的显著性检验，而在抽穗—成熟期，除临沂外，太阳辐射量为增加的趋势。另外，从各站点全生育期均值可以看出，太阳辐射量存在由北向南逐渐减少的纬向分布趋势。相对湿度的年际变化趋势并不明显，从表中可以看出，石家庄、商丘与寿县在冬小麦的 5 个生育阶段相对湿度均有降低的趋势，且 5 个站点的相对湿度在生育期后期有减小的趋势。对风速的变化趋势分析表明，黄淮海平原风速近年来在冬小麦生育阶段有降低的趋势，除天津外，其余站点在冬小麦的各生育阶段的风速降低的趋势通过了 $P<0.05$ 的显著性检验。降水量的分布从北向南有明显的增加，冬小麦全生育期寿县的降水量是天津和石家庄的 1 倍多；莘县与临沂除拔节—抽穗期降水有增加的趋势外，其他生育阶段降水均有减少的趋势，而天津（除出苗—抽穗期）与石家庄除出苗—拔节期外，变化趋势与莘县和临沂相反，降水量有增加的趋势，这些趋势并不显著；因此，在黄淮海平原降水量的年际变化趋势存在一定的南北区域差异。

四、冬小麦生育阶段气候干旱特征的关键影响因素

为了探究黄淮海平原冬小麦生育阶段干旱的气候影响因素，我们将各阶段的相对湿润度与相应时段的各气候要素作相关分析。由表 4-7 可以看出，相对湿润度与温度的相关性在冬小麦的生育后期要大于生育前期，在冬小麦全生育期，天津、石家庄和商丘的相对湿润度与温度为负相关，相关系数分别为-0.19、-0.17 和-0.08，变化率为负值，即温度越高则相对湿润度越小，表现为越干旱，由表可知，黄淮海平原冬小麦全生育期的温度是显著升高的，因此，天津、石家庄和商丘由于温度的升高，会导致干旱化的加重，而莘县、临沂和寿县则正好相反，随着温度的升高而出现湿润化的趋势；在拔节—抽穗期与抽穗—成熟期，相对湿润度与平均温度的相关系数较大，临沂、商丘和寿县在抽穗—成熟期都通过了 $P<0.05$ 的显著性检验，且商丘和寿县在这两个生育阶段与临沂在抽穗—成熟期相对湿润度与平均温度都呈负相关，变化率为负值，其中商丘和寿县在抽穗—成熟期的变化率达-0.48 和-0.45，而由表 4-7 可知，黄淮海平原在冬小麦拔节—抽穗期与抽穗—成熟期温度有降低的趋势，因此，以上站点在相应生育阶段的干旱程度将会随

表 4-7 黄淮海平原冬小麦生育阶段相对湿润度与气候要素的相关系数

Table 4-7 The correlation coefficient of relative moist index with climate factors in growth stages of winter wheat in the Huang-Huai-Hai Plain

站点 Station	全生育期 Whole growth period		播种—出苗期 Sowing to seeding stage		出苗—拔节期 Seeding to jointing stage		拔节—抽穗期 Jointing to heading stage		抽穗—成熟期 Heading to maturity stage	
	变化率 Slope	相关系数 Correlation coefficient	变化率 Slope	相关系数 Correlation coefficient	变化率 Slope	相关系数 Correlation coefficient	变化率 Slope	相关系数 Correlation coefficient	变化率 Slope	相关系数 Correlation coefficient
平均温度 Mean temperature（℃）										
天津 Tianjin	-0.03	-0.19	0.06	0.05	-0.00	-0.01	-0.05	-0.23	0.00	0.00
石家庄 Shijiazhuang	-0.03	-0.17	-0.09	-0.21	-0.03	-0.21	-0.07	-0.34	-0.09	-0.29
莘县 Shenxian	0.01	0.05	0.00	0.01	0.04	0.27	0.02	0.10	-0.07	-0.30
临沂 Linyi	0.04	0.14	-0.11	-0.23	0.04	0.20	0.02	0.08	-0.15	-0.39*
商丘 Shangqiu	-0.03	-0.08	-0.12	-0.19	-0.02	-0.06	-0.03	-0.12	-0.21	-0.48**
寿县 Shouxian	0.01	0.01	-0.02	-0.12	-0.03	-0.05	-0.05	-0.15	-0.16	-0.45**
太阳辐射量 Solar radiation（MJ·m⁻²·d⁻¹）										
天津 Tianjin	0.00	0.30	-0.03	-0.39*	0.00	0.10	-0.00	-0.22	-0.00	-0.24
石家庄 Shijiazhuang	0.00	0.33	-0.01	-0.15	0.00	0.18	0.00	0.10	-0.00	-0.50**
莘县 Shenxian	0.00	0.15	-0.01	-0.33	0.00	0.05	-0.00	-0.25	-0.00	-0.25
临沂 Linyi	0.00	0.01	-0.02	-0.47**	0.00	0.06	-0.00	-0.24	-0.00	-0.25
商丘 Shangqiu	-0.00	-0.61**	-0.03	-0.55**	-0.00	-0.42*	-0.00	-0.16	-0.00	-0.23
寿县 Shouxian	-0.00	-0.53**	-0.00	-0.28	-0.00	-0.37*	0.00	0.05	-0.00	-0.50**
相对湿度 Relative humidy（%）										
天津 Tianjin	0.01	0.23	0.14	0.56**	0.00	0.23	0.03	0.64**	0.02	0.60**
石家庄 Shijiazhuang	0.02	0.70**	0.04	0.41**	0.02	0.75**	0.02	0.61**	0.02	0.73**

续表

站点 Station	全生育期 Whole growth period		播种—出苗期 Sowing to seeding stage		出苗—拔节期 Seeding to jointing stage		拔节—抽穗期 Jointing to heading stage		抽穗—成熟期 Heading to maturity stage	
	变化率 Slope	相关系数 Correlation coefficient	变化率 Slope	相关系数 Correlation coefficient	变化率 Slope	相关系数 Correlation coefficient	变化率 Slope	相关系数 Correlation coefficient	变化率 Slope	相关系数 Correlation coefficient
相对湿度 Relative humidy (%)										
莘县 Shenxian	0.01	0.36*	0.07	0.59**	0.01	0.47**	0.02	0.55**	0.02	0.52**
临沂 Linyi	0.02	0.43*	0.07	0.55**	0.01	0.31	0.03	0.60**	0.04	0.74**
商丘 Shangqiu	0.03	0.69**	0.13	0.71**	0.04	0.72**	0.03	0.62**	0.04	0.66**
寿县 Shouxian	0.07	0.77**	0.08	0.77**	0.08	0.68**	0.05	0.48**	0.05	0.76**
风速 Wind speed (m·s⁻¹)										
天津 Tianjin	-0.09	-0.33	0.08	0.02	-0.05	-0.21	-0.27	-0.37*	-0.12	-0.23
石家庄 Shijiazhuang	-0.25	-0.46**	-0.94	-0.30	-0.18	-0.35	-0.22	-0.42*	-0.47	-0.55**
莘县 Shenxian	-0.06	-0.13	0.02	0.01	0.00	0.00	-0.14	-0.27	-0.11	-0.20
临沂 Linyi	0.02	0.03	1.00	0.52**	0.12	0.16	0.24	0.29	-0.28	-0.19
商丘 Shangqiu	0.04	0.04	-0.29	-0.09	0.13	0.15	-0.08	-0.08	-0.15	-0.13
寿县 Shouxian	0.32	0.26	0.45	0.40*	0.44	0.25	-0.23	-0.20	0.65	0.51**

*, **分别表示通过了显著水平0.05和0.01的检验

*indicates a significance level of 0.05, and ** indicates a significance level of 0.01

着温度的降低有所减弱。对相对湿润度与太阳辐射量的相关分析可以看出，在播种—出苗期与抽穗—成熟期两者为负相关，且相关系数整体较其他生育阶段大，其中石家庄和寿县在抽穗—成熟期的相关系数达–0.50，且通过了 $P<0.01$ 的显著性检验；在全生育期商丘与寿县的相对湿润度和太阳辐射量也为负相关，相关系数分别为–0.61 和–0.53，且都通过了 $P<0.01$ 的显著性检验；另外，相对湿润度随太阳辐射量的变化率除播种—出苗期都为负值，其他生育阶段变化率基本为 0，即太阳辐射量的增减不会引起相对湿润度的变化，在播种—出苗期，天津、临沂和商丘的相关系数通过了 $P<0.05$ 的显著性检验，分别为–0.39、–0.47 和–0.55，在播种—出苗期黄淮海平原的太阳辐射量为增加的趋势，所以这一阶段将会随着太阳辐射量的增加而呈干旱化的趋势；在出苗—拔节期，其他站点相对湿润度与太阳辐射都为正相关，而商丘和寿县则为负相关，相关系数为–0.42 和–0.37，且通过了 $P<0.05$ 的显著性检验。从表中可以看出，相对湿度与相对湿润度的相关性最大，各生育阶段的相关系数都通过了 $P<0.01$ 的显著性检验，且变化率均为正值，石家庄、商丘和寿县在各生育阶段的相对湿度均为减小的趋势，因此，这 3 个站点将会随着相对湿度的减小而有干旱化的趋势。相对湿润度与风速也表现出一定的相关性，这主要是风速对下垫面的蒸发状况的影响而造成的，在冬小麦生育后期，两者呈负相关关系，变化率为负值，在拔节—抽穗与抽穗—成熟，天津与石家庄呈显著的负相关，而在生育前期大多站点为正相关，且生育后期与风速的相关系数要大于生育前期；在冬小麦各生育阶段除石家庄外风速均为减小的趋势，由此可知，黄淮海平原在冬小麦全生育后期将会随着风速的减小而呈湿润化的趋势。

（本节作者：居　辉　徐建文　韩　雪）

第四节　气候干旱对冬小麦产量影响

一、作物品种参数的调整与模型适用性的验证

（一）DSSAT 作物模型的验证

本研究首先利用天津、石家庄、莘县、临沂、商丘及寿县的田间观测资料对作物模型的品种参数进行了调试，所选品种为各站点近 30 年种植最为广泛的冬小麦品种，使用 DSSAT 模型中的 GLUE 模块，结合试错法，选择天津 1996 年、1997年、1999 年，石家庄 1997 年、1998 年、1999 年，莘县 1995 年、1997 年、2008年，临沂 1988 年、1997 年、1998 年，商丘 2004 年、2005 年、2007 年，寿县 1995年、1996 年、1997 年对相应冬小麦品种的参数进行了本地化的校正，研究中为了剔除不同区域间的品种差异，本研究又调试了一套黄淮海区域的冬小麦品种，命

名为 3H，图 4-9 为使用区域冬小麦品种 3H 模拟下的各站点的开花期、成熟期、产量与实际观测值的关系，其中模拟的商丘的产量偏高，临沂的偏低，本研究中黄淮海平原 6 个典型站点的模型模拟均采用区域品种 3H，以剔除品种差异的影响。模拟的开花期和成熟期的相对均方根误差控制在 5%以内，而产量的均方根误差控制在 10%之内（文新亚和陈阜，2011）。

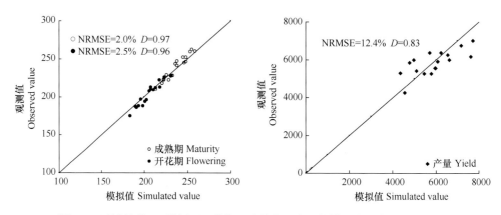

图 4-9　区域品种 3H 模拟下开花期、成熟期、产量的模拟值与实测值的关系
Figure 4-9　Comparison of observed and simulated duration of flowering and maturity stage and yields

（二）冬小麦品种参数的确定

任何一种小麦品种在实际生产中都有其地域性，黄淮海平原是我国主要的冬小麦产区，冬小麦种植分布广泛，而各地自然环境条件以及耕作制度差别很大，各地的品种差异很大，而且由于我国冬小麦品种更替很快，各站点在过去 30 年实际应用的小麦品种多样，本研究选取了每个站点在近 30 年应用最为广泛的品种作为站点的代表品种，天津站点选择了京东 8 号，石家庄站点选择了冀麦 26 号，莘县和临沂分别选择了鲁麦 12 号和鲁麦 21 号，商丘和寿县分别选择了温麦 6 号和 91808 号品种，区域品种使用本研究调试的 3H 品种，表 4-8 为黄淮海平原各站点及区域的品种信息以及该品种模拟下的误差分析。

二、冬小麦水分亏缺的变化及模拟灌溉量的确定

（一）生育阶段水分亏缺的变化规律

有学者（Cabelguenne et al.，1997；Santos and Cabelguenne，2000）曾指出，通过研究不同灌溉制度下作物生长的用水情况，并根据水分胁迫的预测来确定灌溉时间和数量，可以更合理地制订适应在气候变化条件下作物的灌溉制度。为了确定模型模拟中实验处理的灌溉量，首先分析了 6 个典型站点近 30 年冬小麦在拔节—抽穗期与开花—乳熟期水分的亏缺量（图 4-10），其中开花—乳熟期个别年份

表 4-8　各站点冬小麦品种参数及开花期、成熟期与产量的模拟值与观测值的统计比较

Table 4-8　Statistic of observed and simulated date of flowering and maturity stage and yields

站点 Stations	品种	P1V	P1D	P5	G1	G2	G3	PHINT	开花期 Flowering stage		成熟期 Maturity stage		产量 Yield	
									RMSE	NRMSE	RMSE	NRMSE	RMSE	NRMSE
天津 Tianjin	京东 8 号	25.6	79.3	521.9	28.9	29.6	1.70	95	2.2	1.0%	2.0	0.8%	568	9.9%
石家庄 Shijiazhuang	冀麦 26 号	40.3	65.8	573.1	24.5	28.1	1.97	95	2.9	1.4%	1.9	0.8%	265	4.2%
莘县 Shenxian	鲁麦 12 号	38	50.7	480	27.2	29.1	1.00	95	3.4	1.7%	3.6	1.5%	493	8.1%
临沂 Linyi	鲁麦 21 号	41	51.1	480	27.9	35.9	1.00	95	2.9	1.4%	2.7	1.1%	686	10.4%
商丘 Shangqiu	温麦 6 号	36	53.1	460.3	25.1	24.5	1.64	95	2.9	1.5%	2.5	1.1%	460	7.8%
寿县 Shouxian	91808 号	30	53.1	420.3	27.1	38.5	1.64	95	3.1	1.7%	1.6	0.7%	575	11.6%
黄淮海 Huang-Huai-Hai	3H	36.0	63.4	418.8	27.4	28.3	1.66	95	5.2	2.5%	4.8	2.0%	735	12.4%

注：P1V 为春化作用特征参数；P1D 为光周期特征参数；P5 为灌浆期特征参数；G1 为籽粒数特征参数；G2 为潜在灌浆速率参数；G3 为花期潜在单茎穗重参数；PHINT 为出叶间隔特性参数

Note: P1V=vernalization parameter, P1D=photoperiod parameter, P5=grain filling duration parameter, G1= grain parameter at anthesis, G2= grain fillingrate parameter, G3= dry weight of a single stem and spike. PHINT=interval between successive leaf tip appearances

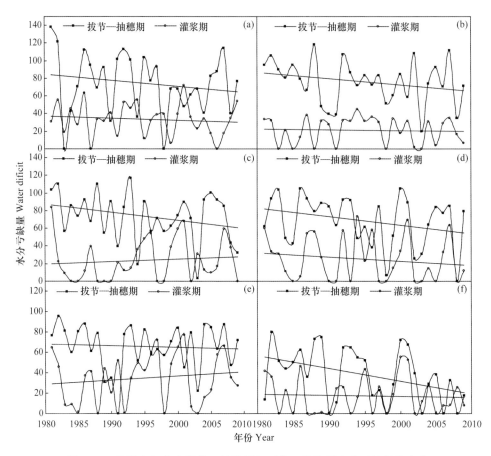

图 4-10 各站点冬小麦拔节—抽穗期与开花—乳熟期水分亏缺量的变化

Figure 4-10　Variation of water deficit in jointing to heading stage and filling stage for winter wheat in 6 typical sites in the Huang-Huai-Hai Plain

（a）天津；（b）石家庄；（c）莘县；（d）临沂；（e）商丘；（f）寿县

(a)Tianjing; (b)Shijiazhuang; (c)Shenxian; (d)Linyi; (e)Shangqiu; (f)Shouxian

水分有盈余，文中视为水分亏缺为 0。可以看出，近 30 年来冬小麦拔节—抽穗期的水分亏缺要明显大于开花—乳熟期，且 6 个站点在拔节—抽穗期的水分亏缺年际波动较大，寿县在这一时期的水分亏缺有显著减少的趋势，通过了 $P<0.05$ 的显著性检验，其他站点的水分亏缺也有轻微减少的趋势，但是趋势并不显著。而开花—乳熟期的水分亏缺波动较小，且没有明显的变化趋势，基本在 20~40 mm 上下浮动。

（二）实验模拟灌溉量的确定

本研究以近 30 年各站点冬小麦拔节—抽穗期与开花—乳熟期的水分亏缺为依据，并且考虑当地实际的灌溉习惯以及冬小麦的发育日期，制订了模型模拟中不同潜在干旱处理以及充分灌溉的实验设计。为了提高水分利用效率以及结合农业灌溉的实际情况，在模型输入过程中，若拔节—抽穗期的水分亏缺小于 60 mm，则只在拔节期灌一次水，若水分亏缺大于 60 mm，则在拔节期与孕穗期灌两水，另外，考虑到寿县在实际小麦生产中并无灌溉习惯，在模型的水分输入中并没有冻水的灌溉，只是在拔节—抽穗期与灌浆期进行灌溉处理，以分析这两个时期的干旱对冬小麦产量的潜在影响。

三、干旱减产率的年际变化与区域对比

（一）干旱减产率的年际变化

图 4-11 为近 30 年来黄淮海平原典型站点在拔节—抽穗期与灌浆期潜在干旱所造成的减产率的年际变化，黄淮海平原绝大部分地区冬小麦生产均有灌溉的习惯，

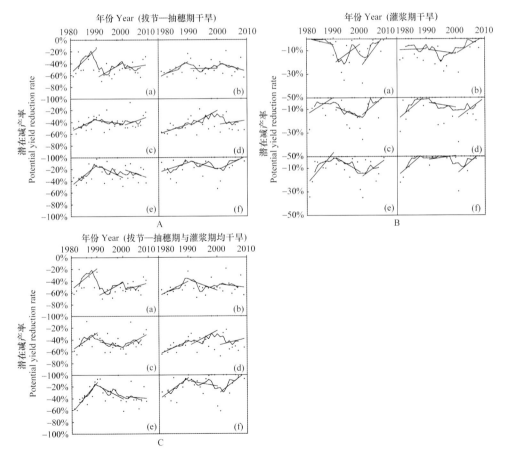

图 4-11　各站点近 30 年拔节—抽穗期与灌浆期潜在干旱减产率的年际变化

Figure 4-11　The annual variation of yield reduction rate

（a）天津；（b）石家庄；（c）莘县；（d）临沂；（e）商丘；（f）寿县

(a)Tianjing; (b)Shijiazhuang; (c)Shenxian; (d)Linyi; (e)Shangqiu; (f)Shouxian

且灌溉水平的高低直接影响着产量的高低（王石立和娄秀荣，1997），也就是说水分的供应直接影响着黄淮海冬小麦产量的形成。各站点近 30 年来在冬小麦需水关键生育阶段水分亏缺年变化波动较大，因此水分亏缺所导致的潜在干旱减产率也随之有较大的年际波动，由图 4-11A 中各站点拔节期干旱减产率的 5 年滑动平均可以看出，石家庄的干旱波动最大，在 20 世纪 80 年代末期与 90 年代末期有两个减产极低值区，在 90 年代中期则有一个减产的极高值区，天津、莘县与寿县近 30 年减产率变化规律并不明显，临沂在前 20 年减产率逐渐降低，在 90 年代末期达到一个极低值，在随后的 10 年减产率则逐渐增加，而商丘则是前 10 年减产率逐渐降低，在 80 年代末达到一个极低值，在随后的 20 年干旱减产率有增加的趋势。由图 4-11B 中各站点灌浆期干旱减产率的 5 年滑动平均可以看出，除天津在 90 年代中期有一个减产的极高值区外，各站点冬小麦灌浆期的潜在干旱减产率在 90 年代末期均有一个减产的极高值区，这主要是 2000 年及 2001 年黄淮海平原在这一时期的极端干旱所导致的。从年代际的变化情况来看，在 80 年代，各站点拔节—抽穗期的潜在干旱减产率均有明显降低的趋势，且石家庄和商丘的减产率变化均通过 $P<0.01$ 的显著性检验，莘县和临沂的减产率变化则通过了 $P<0.05$ 的显著性检验，而灌浆期的减产率除天津和石家庄外，也均有明显的降低趋势，其中临沂在这一阶段的减产率变化通过了 $P<0.05$ 的显著性检验，商丘和寿县的减产率的降低则通过了 $P<0.01$ 的显著性检验。在 90 年代，拔节—抽穗期与灌浆期的减产率并无一致的变化规律，天津与临沂在拔节—抽穗期有干旱减轻的趋势，而商丘则为干旱加重的趋势，而在灌浆期，天津的减产率有降低的趋势，莘县与商丘则为升高的趋势，其他站点的变化趋势并不明显。在 21 世纪最初 10 年，拔节—抽穗期的干旱减产率基本无明显的变化规律，而灌浆期的减产率则均表现为降低的趋势，且天津减产率降低的趋势通过了 $P<0.01$ 的显著性检验。从图 4-11C 中可以看出，黄淮海平原冬小麦近 30 年来在拔节—抽穗期与灌浆期均受旱的情况下，干旱减产率的变化趋势与拔节—抽穗期的趋势大致相同，这也说明了冬小麦的受旱的损失主要是拔节—抽穗期的干旱而导致的。在两个需水关键生育阶段都受旱的情况下，各站点在 80 年代均呈现出明显的干旱灾损减轻的趋势，且除天津外，其他站点的趋势变化均通过了 $P<0.05$ 的显著性检验；在 90 年代，天津和临沂有干旱减产率降低的趋势，而其他站点则干旱加重。在 21 世纪最初 10 年，除石家庄和商丘之外，其他站点的潜在干旱减产率均为降低的趋势。

（二）干旱减产率的区域对比

黄淮海平原降水以及蒸散在空间上的不平衡性（喻谦花等，2011），导致黄淮海平原干旱特征南北差异明显，因此冬小麦需水关键生育阶段的干旱所导致的产量降低也存在一定的区域差异。本研究将黄淮海平原 6 个典型站点在本地品种与区域品种的两种模拟情况下的潜在干旱减产率的近 30 年均值进行分析（图 4-12），由图 4-12a 中可以看出，拔节—抽穗期的减产率有明显的南北差异，在没有剔除品种差异之前，即采用各站点本地品种进行模拟的情况下，天津的减产率为–46%，石家庄则为–49%，莘县为–46%，临沂、商丘及寿县分别为–36%、–29%及–11%，黄淮海平原北部地区在拔节—抽穗期的干旱所导致的产量降低明显地高于平原的南部地区，而在使用经过调试的黄淮海平原区域品种 3H 模拟的情况下，南北的干旱减产的差异有略微的缩小，天津、石家庄和莘县的减产率分别为–43%、–48%、–41%，临沂、商丘及寿县分别为–38%、–27%、–13%，因此，品种的差异所导致的各区域的干旱减产水平的差异并不大，黄淮海平原冬小麦拔节—抽穗期的潜在干旱减产率由南向北逐渐加重的区域分布主要是各地的气候因素的差异所导致的。从图 4-12b 中可以看出，各典型站点冬小麦在灌浆期的干旱减产率不大，天津、石家庄、莘县在两种品种模拟的情况下减产率基本都在–9%～–8%，而临沂、商丘、寿县则在两种品种模拟的情况下减产率的差异较大，其中临沂在本地品种模拟下减产率达到了–12%，而在区域品种模拟下的减产率只有–7%，商丘则在本地品种模拟下减产率为–3%，而在区域品种模拟下减产率为–8%，寿县在两种品种模拟情况下的减产率分别为–7%和–4%，因此可知，黄淮海平原偏南部地区冬小麦灌浆期的潜在干旱所造成的减产率要低于北部地区，而且南部地区的不同区域之间的减产程度的差异由于品种的差异影响很大。

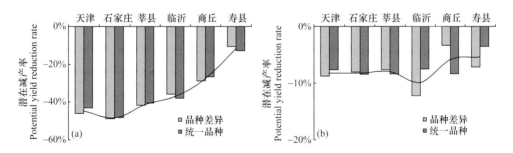

图 4-12　各站点拔节—抽穗期（a）与灌浆期（b）的潜在干旱减产率

Figure 4-12　The yield reduction rate in jointing to heading stage(a)and filling stage(b)for winter wheat of 6 typical sites

　　单位面积的粒数和单粒重是构成最终产量的重要因素，水分胁迫造成的粒数和粒重的下降，必然导致产量的下降，因此研究水分胁迫对产量构成要素的影响不仅能够反映干旱减产的内在原因，更能为科学选种育种提供一定的依据。图4-13 为近 30 年黄淮海平原典型站点在两个需水关键生育阶段潜在受旱的情况下粒数和粒重的干旱减产率的均值，由图中可以看出，拔节—抽穗期的干旱主要影响粒数，对粒重没有影响，天津、石家庄、莘县和临沂的粒数减产率均在–40%左右，商丘为–29%，寿县则为–13%；灌浆期的干旱则主要是影响冬小麦粒重的形成,对粒数只有微弱的影响,而且 6 个典型站点粒重的干旱减产率在−5%~−2%的水平上,对于最终产量的形成影响不大;当两个阶段均受旱的情况下,粒数的减产与拔节—抽穗期受旱情况相似,而粒重的减产则由于拔节—抽穗期的受旱,较灌浆期单一受旱的情况下减产率明显的降低,这可能与冬小麦在拔节期受到了一定的抗旱锻炼,在灌浆期抗逆性增强的原因有关。

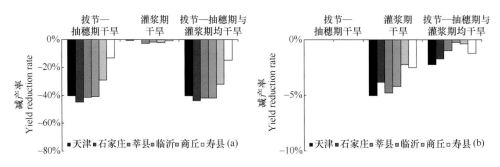

图 4-13 各站点不同处理所导致的粒数（a）与粒重（b）的减产率

Figure 4-13 The yield reduction rate of grain number(a)and weight(b)of 6 typical sites

四、干旱减产率的累计概率

为了更具体地探讨拔节—抽穗期以及灌浆期的潜在干旱对产量的影响,本节对这两个生育阶段干旱减产率的累积概率进行了分析(图 4-14),从图中可以看出,同一水平的干旱减产率,在拔节—抽穗期发生的概率要远远大于灌浆期的概率,拔节—抽穗期减产率超过−60%的概率在天津和石家庄达到了 15%左右,减产率超过−40%的概率在天津、石家庄及临沂达到了 60%~70%,在莘县的概率则为 55%,而商丘和寿县的概率分别为 20%和 10%,拔节—抽穗期减产率超过−20%的概率在天津、石家庄、莘县和临沂均达到了 85%以上,在商丘的概率为 66%,寿县的概率则为 24%。另外,在灌浆期,除寿县外,其他站点的潜在干旱减产率超过−20%的概率均在 15%左右,减产率超过−10%的概率则在 30%~40%,而寿县的干旱减产率超过−10%的概率只有 15%。从各典型站点干旱减产率的对比分析可以看出,黄淮海平原北部地区冬小麦在拔节—抽穗期同一水平的潜在干旱减产率要明显地高于偏南部地区,而在灌浆期的概率则差别不大。

五、典型年份土壤水分变化及产量分析

（一）典型年份模拟结果与历史资料的对比分析

为了揭示不同水分年型下冬小麦在生长过程中的土壤水分的变化情况以及不同干旱处理间的产量的变化情况,我们将近 30 年来旱灾受灾最严重的两个年份

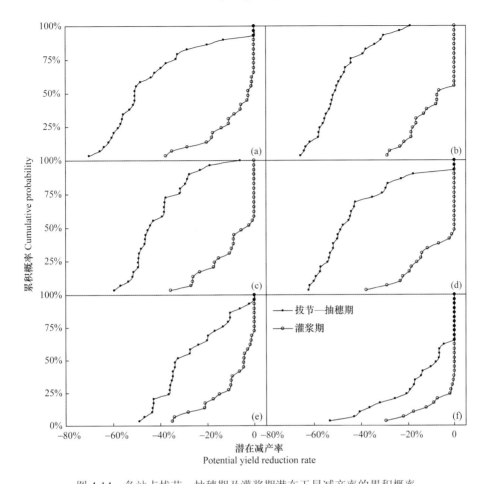

图 4-14　各站点拔节—抽穗期及灌浆期潜在干旱减产率的累积概率

Figure 4-14 The cumulative probability of yield reduction rate in jointing to heading stage and filling stage for winter wheat of 6 typical site

（a）天津；（b）石家庄；（c）莘县；（d）临沂；（e）商丘；（f）寿县

(a)Tianjing; (b)Shijiazhuang; (c)Shenxian; (d)Linyi; (e)Shangqiu; (f)Shouxian

（2000 年与 2001 年）与受灾最轻的两个年份（1998 年与 2008 年）的受灾面积（中华人民共和国农业部，2009）与模型模拟的干旱减产率进行对比分析（图 4-15），图中 4 个典型年份的潜在干旱减产率为黄淮海平原 6 个典型站点在拔节—抽穗期与灌浆期都受旱的情况下减产率的平均值，可以看出，本研究模拟的干旱减产率与历史上干旱发生的实际情况基本相符，在 2000 年与 2001 年，我国的干旱受灾面积分别为 4054.1 万 hm^2 和 3847.2 万 hm^2，本研究模拟的黄淮海平原冬小麦两个需水关键生育阶段受旱所导致的减产率分别为–46%和–58%，而在 1998 年与 2008 年，我国的干旱受灾面积分别为 1423.6 万 hm^2 和 1213.7 万 hm^2，本研究模拟的冬小麦干旱减产率分别为–12%和–19%。

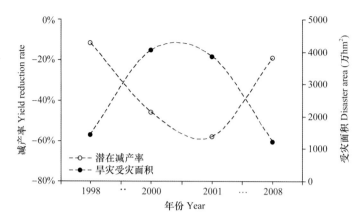

图 4-15 典型年份的受灾面积与黄淮海平原需水关键生育阶段潜在干旱减产率的对比

Figure 4-15 Comparison of yield reduction rate with the drought affected area in typical years

（二）典型年份典型站点的土壤水分变化规律

本研究选取干旱最为严重的 2001 年的莘县作为干旱型站点年份的典型代表，选取 1998 年的寿县作为湿润型站点年份的典型代表，对这两个不同水分年型的典型站点的冬小麦在返青后的土壤水分的变化进行分析，从土壤水分状况的角度探究不同生育阶段的冬小麦的干旱状况对产量的影响。图 4-16 为 2001 年莘县冬小麦在 4 个处理下返青后不同层次土壤水分随着时间变化的变化规律，从图中处理 CK 的土壤水分变化可以看出，冬小麦返青后 50 cm 往上的各层土壤水分都在逐渐减少，直至拔节期灌溉了 50 mm 的水分之后，各层土壤水分开始改良，并且有一部分水分入渗到土壤深层，随后土壤水分又逐渐减少，到孕穗后再进行 40 mm 的灌溉，表层土壤水分明显增加，至开花后再增加 70 mm 的灌溉量，此时由于孕穗期灌溉的累积，30 cm 以上的各层土壤水分达到最大值，并且在随后的几天，随着水分的入渗，40~50 cm 土壤层以及 60~80 cm 土层的土壤水分有了一定的储存，在开花后，由于冬小麦灌浆期需要大量的水分，土壤表层水分急剧下降，而储存在土壤深层的水分则可以在一定程度上弥补降水亏缺所造成的表层土壤的干旱。将图中拔节—抽穗期干旱（T1）处理的土壤水分变化与 CK 进行对比，可以明显地看出，在冬小麦返青后，由于降水匮乏，而且没有灌溉进行水分的补充，60 cm 往上各层土壤水分不断地减少，深层的土壤水分也在逐渐减少，至冬小麦拔节期表层土壤体积含水量已不足 10%，此时正是冬小麦形成穗数的关键时期，土壤干旱必定会导致最终的小麦产量大幅下降，至开花后虽然有 70 mm 灌溉量的水分补充，但是土壤水分仅入渗至 40~50 cm 土层深度，已经难以补充到深层土壤，在灌浆后期由于没有深层土壤水分的补给，严重干旱。将灌浆期干旱（T2）处理的土壤水分变化与 CK 对比可以看出，在拔节—抽穗期，各层土壤水分的变化基本一致，但是由于前期的两次灌溉量不大，且至冬小麦开花后没有灌溉量的补充，深层土壤并没有水分的储存，70cm

以上土层的土壤水分逐渐减少，但是由于拔节—抽穗期的灌溉土壤有一定的底墒，灌浆期的表层土壤干旱并没有灌浆期干旱（T2）处理中拔节—抽穗期的土壤干旱那么严重。将拔节—抽穗期与灌浆期均干旱（T3）处理的土壤水分变化与 CK 进行对比发现，由于冬小麦返青后降水匮乏，又没有灌溉进行水分的补充，只靠冬前的土壤底墒的补给，在拔节期的表层土壤体积含水量只有 10% 左右，远远不能满足冬小麦生长的水分需求，必将导致严重的减产。

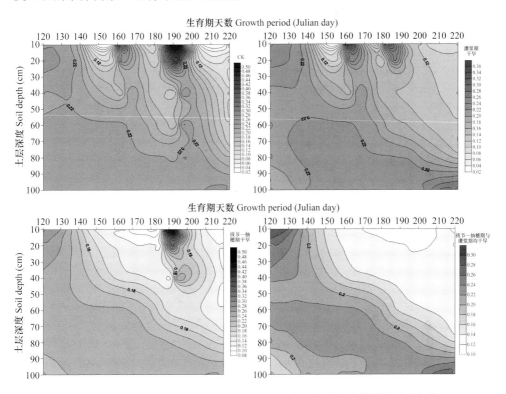

图 4-16　2001 年莘县冬小麦在 4 个处理下返青后土壤水分的模拟变化规律

Figure 4-16　The variation regularity of soil moisture for four treatments in Shenxian in 2001

　　本研究选取寿县 1998 年的冬小麦模拟生长情况作为丰水年的典型代表，首先分析寿县冬小麦在返青后土壤水分的变化规律（图 4-17），由于 1998 年寿县在冬小麦拔节—抽穗期与灌浆期降水充沛，降水盈余量分别达到了 89 mm 以及 51 mm，并没有水分亏缺，因此在模型模拟中只有一个水分充分的处理，由图中可以看出，在冬小麦返青后各层土壤水分充足，而且随着多次降雨的补充，深层土壤水分也在不断地储存，至第 166 天开始拔节到第 183 天孕穗期，正值降水充沛的时期，且随着前期的水分累积，在 40~50 cm 土层与 79~90 cm 土层的土壤水分达到最大，在孕穗期往后，各层土壤水分逐渐减少，深层土壤水分不断向表层补给，至第 194 天冬小麦开始开花灌浆，虽然有降水量的补充，但是由于此时冬小麦耗水量大，深层土壤水分并未得到补充，至第 217 天冬小麦进入乳熟期后，耗水量减少，加上降水量的补充，土壤各层水分逐渐增加，并且深层土壤开始储存水分。将图 4-17 与图 4-16 中 CK 处理的土壤水分进行比较，可以明显地看出在丰水年的寿县的各层次土壤水分状况要优于干旱年的莘县的土壤水分状况，而且单一的灌溉量只能对土壤表层的水分有所增加，并不能改善土壤深层的水分状况。

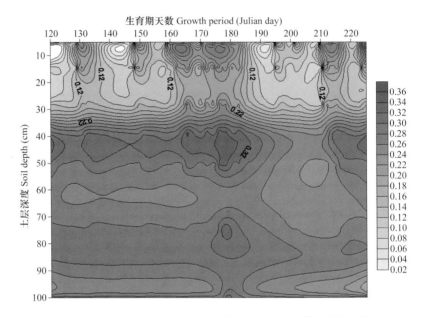

图 4-17 1998 年寿县冬小麦在返青后土壤水分的模拟变化规律

Figure 4-17 The variation regularity of soil moisture in Shouxian in 1998

（三）典型年份典型站点的产量分析

本研究将莘县 2001 年的各处理产量及雨养产量与寿县 1998 年的雨养产量进行对比（图 4-18），由于莘县 2001 年冬小麦在拔节—抽穗期的水分亏缺超过了 90 mm，

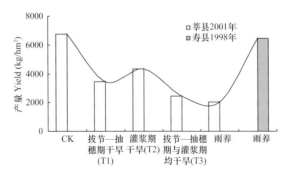

图 4-18 2001 年莘县各处理和雨养产量与 1998 年寿县的雨养产量的对比

Figure 4-18 Comparison of yield of Shenxian in 2001 and Shouxian in 1998

灌浆期的水分亏缺将近达到 70 mm，因此对应的 CK、T1、T2 及 T3 处理下的产量差别很大，依次为 6754 kg/hm²、3442 kg/hm²、4346 kg/hm² 和 2443 kg/hm²，而雨养产量只有 2047 kg/hm²，而寿县在 1998 年由于全生育期降水充沛，无须灌溉，其雨养产量达到了 6454 kg/hm²，远远地大于莘县的雨养产量，从图中可以明显地看出由于拔节—抽穗期和灌浆期的干旱对冬小麦产量的影响，因此在实际生产实践中一定要注意这两个需水关键生育阶段的降水状况及土壤水分状况，减少干旱的灾害损失，保证稳产增产。

（本节作者：居　辉　徐建文　秦晓晨）

第五节　小　　结

本研究所采用的相对湿润度指数可以客观地反映干旱的发生强度，干旱的季节和区域分布研究结果与历史记载的黄淮海平原干旱的发生规律与特征基本相符，其中春旱最为严重，河北、河南与山东等地多以春旱为主，山东与河南秋旱频率也较高。另外，近 30 年黄淮海平原冬小麦的各生育阶段，不仅中等干旱程度以上频率较高，且在时间上也有持续性，持续的干旱更会影响冬小麦的生产，导致产量下降。从区域分布来看，天津、石家庄的干旱持续较为严重，这与气象灾害记载资料相符（温克刚和庞天荷，2005；温克刚等，2006；温克刚和王宗信，2008；温克刚和臧建升，2008）。本章主要得出以下结论。

1961~2011 年冬小麦生长季内黄淮海平原有干旱缓解的趋势。在 1961~1988 年，相对湿润度呈现增加的趋势，也就是干旱减弱的趋势。而在 1989~2011 年，相对湿润度呈明显减小的趋势，即出现干旱加重的趋势。总之，虽然在整个分析期内冬小麦生长季干旱减轻，但是在近 20 年干旱出现了加重，且干旱加重的趋势为一种突变现象。黄淮海平原 1961 年以来，春季、冬季以及冬小麦生长季内均表现为不同程度的干旱，干旱频率都达到 90% 以上，其中春、冬两季最为干旱，3 个时段整个黄淮海中北部地区都为高频干旱区域，且 4 个季节及冬小麦生长季干旱程度及干旱频率的区域分布均表现为由南向北递增的趋势。相对湿润度的年际变化与降水、太阳辐射和相对湿度的变化极显著相关，即黄淮海平原的干旱特征对这 3 个气候要素的变化最为敏感。

拔节—抽穗期的干旱程度最为严重，但是除天津外干旱均有减弱的趋势。而在抽穗—成熟期，有干旱化的趋势。在冬小麦全生育期，天津与石家庄主要以中旱和重旱为主，而莘县轻旱、中旱和重旱的频率相当，商丘则主要以轻旱和中旱为主，临沂和寿县则以轻旱为主。天津、石家庄的干旱持续较为严重，而寿县近 30 年无干旱的持续。在拔节—抽穗期和抽穗—成熟期，黄淮海南部地区的干旱程度随着温度的降低有减弱趋势。另外，商丘和寿县在冬小麦各生育阶段将会随着相对湿度的减小而有干旱化的趋势；而在冬小麦全生育期随着太阳辐射量的减弱而干旱减轻；黄淮海平原在冬小麦生育后期将会随着风速的减小而呈湿润化的趋势。

黄淮海平原降水以及蒸散在空间上的不平衡性（喻谦花等，2011），导致黄淮海平原干旱特征南北差异明显。一些学者（王志伟和翟盘茂，2003；武建军等，2011）的研究结果表明，黄淮海平原有相当大的区域呈现偏干旱趋势，这与本研究区域近 50 年来在冬小麦生长季内有变湿的趋势有所差别，主要原因是由于黄淮海平原 50 年来降水在减少（杨晓琳等，2012），且该地区的降水主要集中在 7~8 月（霍治国和李世奎，1993），而本研究得出的结果是在冬小麦生长季内降水有增加的趋势，所以夏秋两季降水减少导致全年的干旱特征有增加的趋势，而冬小麦生长季的干旱特征则表现为减弱的趋势。研究表明相对湿润度与风速也表现出一定的相关性，这主要是由于风速会影响下垫面的蒸发，从而导致相对湿润度的变化。在播种—出苗期，特旱发生的频率非常高，这与实际的农业气候干旱有所差异，因为黄淮海平原降水主要集中在 7~8 月，至冬小麦播种与苗期时，土壤或因水分滞存或因灌溉而有充足的底墒（安顺清和刘庚山，2000），实际生产中干旱程度并不严重。本研究结果采用的相对湿润度是根据作物参考蒸散量计算而得，而在冬小麦播种—出苗期植株覆盖度小，按照参考作物来计算的相对湿润度显然夸大了这一时期的干旱实情，在今后的应用中需要有所注意。

黄淮海平原冬小麦除江苏和安徽及河南小部分区域以外，均有灌溉的习惯，因此，虽然近些年来黄淮海平原的干旱有加重的趋势，但是由于灌溉水量较为充足，在干旱的年份并不一定形成冬小麦的减产，反而近些年来随着其他田间管理措施的不断优化，产量有增加的趋势（中华人民共和国农业部，2009），因此本研究只是从气候干旱的角度，来探究由于气候因素导致的干旱对冬小麦产量的潜在影响，为黄淮海平原冬小麦实际生产过程中的抗旱管理与合理灌溉提供理论依据。本章为了剔除由于品种差异造成的影响，调试了一套适用于黄淮海平原的区域性统一品种参数 3H，结果表明 DSSAT 模型的区域模拟效果良好，区域品种参数 3H 能够代表黄淮海平原冬小麦品种进行区域模拟。

黄淮海平原冬小麦需水关键生育阶段干旱减产率在 20 世纪 80 年代呈现出明显的干旱灾损减轻的趋势，但随后 20 年（1990~2010 年）灾损的平均水平较 80 年代略微升高。拔节—抽穗期的减产率远远大于灌浆期，灌浆期的减产率低的原因与拔节—抽穗期的底墒对灌浆期的影响有一定关系，且拔节—抽穗期的减产率有明显的南北差异，I 区、II 区、III 区的干旱减产率均超过了–40%，IV 区、V 区、VI 区分别为–38%、–27%、–13%，黄淮海平原冬小麦拔节—抽穗期的潜在干旱减产率由南向北逐渐加重的区域分布由品种差异造成的影响不大，主要是各地气候因素的差异所导致的；灌浆期干旱减产率的区域分布不明显，但黄淮海南部地区区域间减产程度的差异由于品种差异造成的影响很大。灌浆期的减产率各区域间差别不大。不同降水年型的补充灌溉模拟结果表明，采用的对照处理 CK 与 T1、

T2、T3 各层土壤水分差异明显，且典型干旱年土壤主要靠灌溉补充表层水分来满足作物需求，如拔节—抽穗期干旱，且深层土壤水分不足，则小麦在生育后期只能靠灌溉满足水分需求，若灌浆期亦受旱，则冬小麦根系只能从更深层土层以下获得水分，则可导致最终小麦产量的损失。

参 考 文 献

安顺清, 刘庚山. 2000. 冬小麦底墒供水特征研究. 应用气象学报, 11(6): 119-127

成林, 刘荣花, 申双和, 等. 2007. 河南省冬小麦干旱规律分析. 气象与环境科学, 30(4): 3-6.

迟竹萍. 2009. 近 45 年山东夏季降水时空分布及变化趋势分析. 高原气象, 28(1): 220.

房稳静, 张雪芬, 郑有飞. 2006. 冬小麦灌浆期干旱对灌浆速率的影响. 中国农业气象, 27(2): 98-101.

冯建设, 王建源, 王新堂, 等. 2011. 相对湿润度指数在农业干旱监测业务中的应用. 应用气象学报, 22(6): 766-772.

高晓容, 王春乙, 张继权, 等. 2012. 近 50 年东北玉米生育阶段需水量及旱涝时空变化. 农业工程学报, 28(12): 101-109.

郭晶, 吴举开, 李远辉, 等. 2008. 广东省气候干湿状况及其变化特征. 中国农业气象, 29(2): 157-161.

郝晶晶, 陆桂华, 闫桂霞, 等. 2010. 气候变化下黄淮海平原的干旱趋势分析. 水电能源科学, 28(11): 12-14

霍治国, 李世奎. 1993. 中国气候资源. 北京: 科学普及出版社.

金善宝. 1992. 小麦生态理论与应用. 杭州: 浙江科学技术出版社.

金善宝. 1996. 中国小麦学. 北京: 中国农业出版社.

居辉, 李建民, 李康, 等. 2006. 春季单次灌水对冬小麦产量构成的影响. 麦类作物学报, 26(1): 104-107.

李森, 吕厚荃, 张艳红, 等. 2008. 黄淮海地区 1961—2006 年干湿状况时空变化. 气象科技, 26(5): 601-605

刘巽浩, 陈阜. 2003. 中国农作制. 北京: 中国农业出版社: 58-72.

卢洪健, 莫兴国, 胡实. 2012. 华北平原 1960—2009 年气象干旱的时空变化特征. 自然灾害学报, 21(006): 72-82.

吕丽华, 胡玉昆, 李雁鸣, 等. 2007. 灌水方式对不同小麦品种水分利用效率和产量的影响. 麦类作物学报, 27(1): 88-92.

马建勇, 许吟隆, 潘婕. 2012. 基于 SPI 与相对湿润度指数的 1961—2009 年东北地区 5—9 月干旱趋势分析. 气象与环境学报, 28(3): 90-95.

马晓群, 吴文玉, 张辉. 2009. 农业旱涝指标及在江淮地区监测预警中的应用. 应用气象学报, 20(2): 186-194.

马柱国. 2005. 我国北方干湿演变规律及其与区域增暖的可能联系. 地球物理学报, 48(5): 1011-1018.

马柱国, 符淙斌. 2001. 中国北方干旱区地表湿润状况的趋势分析. 气象学报, 59(6):737-746.

宋艳玲, 董文杰. 2006. 1961—2000 年干旱对我国冬小麦产量的影响. 自然灾害学报, 15(6): 235-240.

王宏, 陈阜, 石全红, 等. 2010. 近 30a 黄淮海农作区冬小麦单产潜力的影响因素分析. 农业工程学报, 26(1): 90-95.

王明田, 王翔, 黄晚华, 等. 2012. 基于相对湿润度指数的西南地区季节性干旱时空分布特征. 农业工程学报, 28(19): 85-92.

王石立, 娄秀荣. 1997. 华北地区冬小麦干旱风险评估的初步研究. 自然灾害学报, 6(3): 63-68.

王志伟, 翟盘茂. 2003. 中国北方近 50 年干旱变化特征. 地理学报, 58(增刊): 61-68.

温克刚, 丁一汇. 2008. 中国气象灾害大典·综合卷. 北京: 气象出版社.

温克刚, 庞天荷. 2005. 中国气象灾害大典·河南卷. 北京: 气象出版社.

温克刚, 王建国, 孙典卿. 2006. 中国气象灾害大典·山东卷. 北京: 气象出版社.

温克刚, 王宗信. 2008. 中国气象灾害大典·天津卷. 北京: 气象出版社.

温克刚, 臧建升. 2008. 中国气象灾害大典·河北卷. 北京: 气象出版社.

文新亚, 陈阜. 2011. 基于 DSSAT 模型模拟气候变化对不同品种冬小麦产量潜力的影响. 农业工程学报, 27(增刊 2): 74-79.

吴少辉, 高海涛, 王书子, 等. 2002. 干旱对冬小麦粒重形成的影响及灌浆特性分析. 干旱地区农业研究, 20(2): 50-52.

武建军, 刘晓霞, 吕爱峰, 等. 2011. 黄淮海地区干湿状况的时空分异研究. 中国人口·资源与环境, 21(2): 100-105.

谢明, 宋亚申, 姜新河. 2008. 淮北地区冬小麦干旱发生的规律、成因和危害机理分析. 安徽农学通报, 14(20): 112-114.

徐建文, 居辉, 刘勤, 等. 2014. 黄淮海地区干旱变化特征及其对气候变化的响应. 生态学报, 34(2): 460-470.

杨彬云, 吴荣军, 杨保东, 等. 2009. 近 40 年河北省地表干燥度的时空变化. 应用气象学报, 20(6): 745-752.

杨晓琳, 宋振伟, 王宏, 等. 2012. 黄淮海农作区冬小麦需水量时空变化特征及气候影响因素分析. 中国生态农业学报, 20(3): 356-362.

姚玉璧, 张存杰, 邓振镛, 等. 2007. 气象、农业干旱指标综述. 干旱地区农业研究, 25(1): 185-189.

喻谦花, 张青珍, 姜东东, 等. 2011. 黄河孟—兰段南北两岸降水变化对比分析. 河南科学, 29(9): 1070-1072.

袁文平, 周广胜. 2004. 干旱指标的理论分析与研究展望. 地球科学进展, 19(6): 982-991.

张建平, 赵艳霞, 王春乙, 等. 2012. 不同发育期干旱对冬小麦灌浆和产量影响的模拟. 中国生态农业学报, 20(009): 1158-1165.

张建平, 赵艳霞, 王春乙, 等. 2013. 基于 WOFOST 作物生长模型的冬小麦干旱影响评估技术. 生态学报, 33(6): 1762-1769.

张强, 潘学标, 马柱国, 等. 2009. 干旱. 北京: 气象出版社.

中华人民共和国农业部. 2009. 新中国农业 60 年统计资料. 北京: 中国农业出版社.

Boken V K. 2005. Agricultural drought and its monitoring and prediction: some concepts. *In*: Boken V K, Cracknell A P, Heathcote R L. Monitoring and Predicting Agricultural Drought: A Global Study. New York: Oxford University Press: 3-10.

Bonaccorso B, Bordi I, Cancelliere A, et al. 2003. Spatial variability of drought: an analysis of the SPI in Sicily. Water Resources Management, 17(4): 273-296.

Cabelguenne M, Debaeke P, Puech J. 1997. Real time irrigation management using the EPIC2PHASE model and weather forecast. Agricultural Water Management, 32: 227.

Dalvandi G, Ghanbari A, Farnia A, et al. 2013. Effects of drought stress on the growth, yield and yield

第五章　干旱对不同土壤区冬小麦产量影响

第一节　影响冬小麦的主要因素

一、气象要素

20 世纪 80 年代末，气候变暖的问题和重要性已经广为人们熟知，尤其是气候变暖对农业的影响受到了科学家的广泛关注。由于气候问题的不可避免、无法消除，只能通过科学措施去减缓和适应气候变化给农业带来的危害。政府间气候变化专门委员会（IPCC，2013）第五次评估报告第一工作组的摘要中指出 21 世纪末全球表面温度可能上升 1.5℃，全球区域农业生产可能遭受气候变化的影响更加严重。

大气科学方面的专家主要通过统计学方法和作物模型评估气候变化对粮食的影响。统计学方法主要通过搜集气象数据和田间观测数据，分析时间和空间尺度上气候变化对冬小麦的影响，其结果机制性不强，无法模拟气象因子和产量之间动态的生态关系，但该方法仍有很多可取之处，在大空间尺度上的影响评估准确性较好（Lobell and Burke，2010），也被学者广泛认可，与农业生产实际结合较紧密。作物模型能够较好地模拟作物、土壤和大气之间的互相作用，已经广泛地应用于小麦机制研究和农业生产中（Lin et al.，2005；Luo et al.，2005；Song et al.，2006）。在气候变化对小麦的影响研究中，普遍将 GCMs 与作物模型相结合评估气候变化对小麦的影响；Luo 等（2005）用 APSIM-Wheat 模型和 SRES 情景数据探究在未来 21 世纪 80 年代在降水、温度和 CO_2 肥效作用下，未来气候情景下小麦的平均产量预计比当地产量水平减少了 13.5%~32%；Muhuddin 等（2007）运用澳大利亚联邦科学与工业研究组织（CSIRO）的全球大气模型，预测澳大利亚小麦产量可能会减少 29%，如果考虑 CO_2 升高的影响，小麦产量可能减少约 25%。可以看出大部分研究结果表明，当单独考虑气候变暖导致的温度升高，会使冬小麦生育期缩短，造成减产；而气候变化导致的水分减少也会造成产量下降。在考虑 CO_2 的肥效作用的基础上，CO_2 浓度的增大会引起产量增加，从而抵消其他因素造成的产量减少（Tubiello et al.，1995；Rosenzweig and Tubiello，1996；Chipanshi et al.，1997；Lal et al.，1998；Mavromatis and Jones，1999；雷水玲，2001；Senih et al.，2002；David et al.，2005；Luo et al.，2005；居辉等，2005；孙芳等，2005；熊伟等，2005；熊伟等，2006；张建平等，2006）。

components of four wheat populations in different growth stages. Advances in Environmental Biology, 7(4): 44-52.

Gevrek M N, Atasoy G D. 2012. Effect of post anthesis drought on certain agronomical characteristics of wheat under two different nitrogen application conditions. Turkish Journal of Field Crops, 17(1): 19-23.

IPCC. 2007. Summary for policymakers of climate change 2007: the physical science basis. contribution of working group I to the fourth assessment report of the intergovernmental panel on climate change. Cambridge: Cambridge University Press.

Łabędzki L. 2007. Estimation of local drought frequency in central Poland using the standardized precipitation index SPI. Irrigation and Drainage, 56(1): 67-77.

Livada I, Assimakopoulos V D. 2007. Spatial and temporal analysis of drought in Greece using the Standardized Precipitation Index(SPI). Theoretical and Applied Climatology, 89(3-4): 143-153.

Lloyd-Hughes B, Saunders M A. 2002. A drought climatology for Europe. International Journal of Climatology, 22(13): 1571-1592.

Mika J, Horvath S Z, Makra L, et al. 2005. The Palmer Drought Severity Index(PDSI)as an indicator of soil moisture. Physics and Chemistry of the Earth, Parts A/B/C, 30(1): 223-230.

Mu J, Khan S. 2009. The effect of climate change on the water and food nexus in China. Food Security, 1: 413-430.

Qian W H, Zhu Y F. 2001. Climate change in China from 1880 to 1998 and impact on the environmental condition. Climatic Change, 50: 419-444.

Quirogua S, Iglesias A. 2007. Methods for drought risk analysis in agriculture. Options Méditerranéennes, 58: 103-113.

Santos A M, Cabelguenne M. 2000. EPIC2PHASE: a model to explore irrigation strategies. Journal of Agricultural Engineering Research, 75(4): 409.

Sun R, Gao X, Liu C M, et al. 2004. Evapotranspiration estimation in the Yellow River Basin, China using integrated NDVI data. International Journal of Remote Sensing, 25(13): 2523-2534.

Zhang Q, Xu C Y, Zhang Z. 2009. Observed changes of drought/wetness episodes in the Pearl River basin, China, using the standardized precipitation index and aridity index. Theoretical and Applied Climatology, 98(1-2): 89-99.

Zhao M, Running S W. 2010. Drought-induced reduction in global terrestrial net primary production from 2000 through 2009. Science, 329(5994): 940-943.

二、土壤类型

土壤是陆地生态系统的基础,它对人类和动植物的生存起着至关重要的作用。中国的气候条件复杂多变,由于土壤的母质、地形、气候和时间的不同,四者综合作用形成了不同类型的土壤。土壤作为冬小麦养分和水分最直接的来源,因不同的土壤类型的理化性质和生物群落都不相同,因此对冬小麦的生长和发育也有着不同的影响,不同土壤类型条件下的冬小麦品质和产量有显著的区别(王绍中等,1995;李永庚等,2001)。

有研究表明,小麦产量、穗数和千粒重因土壤类型的不同而波动,而粒数相对较稳定(王浩等,2006),5种不同土壤类型:河潮土、棕壤、潮土、砂姜黑土和褐土的容重、硬度、面团形成时间、断裂时间也因土壤类型的区别而不同,不同土壤类型对小麦的品质和产量影响较大,且变异系数波动不同。车京玉(2011)在东北麦区研究当地气候条件下3种不同土壤类型的水肥对产量的影响,得出沙壤质黑土产量最高,淋溶黑钙土次之,草甸黑钙土最低。

综上所述,说明小麦的产量水平不仅与土壤类型有关,而且与当地的气候条件、耕作水平、土壤肥力等都有关系。只要当地降水时空分布均匀,水肥耦合效果好,最终都能够达到增产的目的。

三、水分

水分是作物生长和发育的重要影响因素之一。作物水分主要依靠自然降水和灌溉来满足。我国北方冬小麦生长季(10月至翌年6月)处于全年降水较少的时期,自然降水无法满足冬小麦的生长需求,需要通过灌溉补充,确保冬小麦达到高产和稳产的水平。

作物需水量主要与气候、土壤、品种和生产水平等相关,因此要对作物需水量直接测定较困难。目前在实际生产应用中,主要通过蒸发皿间接测定和计算来确定。作物需水量的计算主要是由作物系数和参考作物蒸散量相乘的结果,冬小麦的作物系数有相关学者(陈玉民等,1995;刘钰和Pereira,2000)已经研究并给出了相关常数,因此关键在于参考作物蒸散量的计算。目前国内外学者计算的方法很多,通过相关学者逐步研究、应用和验证,FAO推荐的彭曼公式(Richard et al.,1998)被认为是目前全球运用最广泛、最精确的计算公式。

不同区域的自然条件如气候和土壤特性不同,其冬小麦的需水量也不同。例如,邱新法等(2003)用1961~2000年黄河流域气象站点的蒸发皿蒸发量进行分析,发现黄河流域50年来平均温度呈上升趋势,而太阳总辐射和蒸发量呈下降趋势,说明太阳辐射量与蒸发量呈正相关;刘晓英等(2005)研究华北近50年冬小麦需水量呈减小趋势,其主要原因是华北日照与风速的减小造成的。盛琼(2006)

通过对全国468个气象站1957~2001年气象因子对蒸发皿蒸发量影响的相关性分析研究，发现辐射和气温日较差是引起蒸发量下降的主要影响因子。李天军和曹红霞（2009）、曹红霞等（2007，2008）利用关中地区30个气象站点的资料探讨了气候变化对冬小麦需水量的影响，研究得出关中地区参考作物腾发量最敏感的气象要素是相对湿度，其次是日照和平均气温。冬小麦需水量减少主要是日照时数和风速作用引起的。

也有学者研究出未来作物需水量有增加趋势，如刘晓英和林而达（2004）假设未来温度增加1~4℃的情景下，研究气候变暖对华北作物需水量的影响，得出温度升高对华北区农作物的需水量影响程度不同。其中对冬小麦需水量的影响大于其他作物，当其生育期内温度上升1~4℃时，需水量将增加2.6%~28.2%。说明冬小麦对未来气候变暖的适应性较差，不同区域的需水量变化也不相同。

对作物需水量的研究方法较多，但是研究结果较一致，但其主要的影响因素各不相同。所以要进一步研究因当地气候条件的不同，而细化到生育期阶段的作物需水量研究，为未来冬小麦适应干旱提供依据。

北方降水少，且时空分布不均，导致农业对灌溉的依赖性较大，尤其是冬小麦的种植离不开灌溉。早在20世纪80年代中期，水利部调动了全国灌溉试验站对全国的农作物需水量和灌溉制度进行调查和研究，并在此基础上绘制出版了《中国主要作物需水量与灌溉》（陈玉民等，1995）。为了进一步明确我国北方地区主要农作物在不同年份下的需水量和灌溉需水量，水利部、中国农业科学院农田灌溉研究所与中国水利水电科学研究院在南水北调规划项目中共同合作，确定了我国北方地区主要农作物灌溉用水定额（段爱旺等，2004），为以后的类似研究积累了经验。

农业灌溉需水量因地域和气候的不同，其变化也大不相同。运用作物模型来研究灌溉需水量变化的方法已经较广泛，如Gunter等（2009）运用作物模型（EPIC）及作物分布和种植面积的统计数据，研究了欧洲不同地区的净灌溉需水量，并根据水分运输效率和灌溉管理，模拟出总灌水量是田间需水量的1.3~2.5倍；Silva等（2007）研究发现在A2和B2情景下，21世纪50年代斯里兰卡水稻灌溉需水量分别增加了23%和13%；王卫光等（2012）基于统计降尺度模型（SDSM），研究了气候变化背景下长江中下游水稻水分需求变化。

还有不少学者运用作物系数法和GIS来研究气候变化对作物水分的影响，如Rodríguez等（2007）对西班牙的瓜达尔基维尔河流域的作物灌溉需水量进行预测，发现在气候变化条件下，21世纪50年代该流域农业灌溉用水显著增加20%；Feng等（2007）研究指出在适当的生育时期对春小麦进行2~3次的补充灌溉，可以有效减少产量的损失。Kuo等（2006）运用作物系数法估算了中国台湾嘉南稻田和山地作物的灌溉需水量；Pleban和Israeli（1989）提出农田水分平衡的基本标准，确定了不同作物每次灌溉的需水量；刘钰等（2009）采用FAO推荐的

Penman-Monteith 方法和作物系数法，计算了中国主要作物的需水量和净灌溉需水量的空间分布特征，得到不同地区主要作物的灌溉需求指数，其中华北区旱作物 30%~50%的需水量靠灌溉补充。韩冰等（2011）以辽宁营口灌区为例，分析了气候变化对水稻生育期和灌溉需水量的影响，发现过去 60 年水稻生育期缩短了 12.7 d，由于气温上升导致农田腾发量增加，该区域水稻灌溉需水量都呈上升趋势。

（本节作者：林而达 李迎春 韩 雪）

第二节 数据来源与方法

一、典型区土壤特点

由于黄淮海平原主要的褐土区和潮土区的土壤分层厚度不一样，要分析土壤表层的特性差异，就先要对土壤理化指标进行归一化处理。通过加权平均法统一划分成 0~30cm 土层厚度。

土壤代换量是衡量土壤保肥能力强弱的一个标准。当其值大于 20 Cmol·kg^{-1} 时，认为土壤保蓄养分的能力强，土壤较肥沃。本研究中选用的两种土壤代换量在 11~13 Cmol·kg^{-1}，无明显差异，说明土壤保肥能力中等。

土壤容重是土壤基本物理性质之一，它直接影响着土壤的透气性、入渗性能和持水能力，进一步对溶质迁移特征以及土壤的抗侵蚀能力都产生了非常大的影响。耕作条件下的土壤容重会因成土母质、成土过程中的气候和生物作用的影响而产生变化。土壤容重的变化与孔隙度成反比，因此土壤容重越大，孔隙度就会越小。研究站点褐土的容重略大于潮土，差异性不大，无明显区别。

由表 5-1 可以看出，褐土中的有机质含量、全氮含量、全钾含量、速效磷、速效钾以及阳离子代换量均高于潮土。其中，速效钾和速效磷是显著高于潮土，它们是作物当季能够吸收和利用的主要养分来源之一，也是作物生长所必需的营养元素。钾元素在植物体内是酶的活化剂，能够增强作物光合作用从而促进蛋白质合成，同时还能增强作物的抗逆性等，对小麦的产量和品质具有重要的影响（张国平，1985；于振文等，1996；李冬花等，1997；王旭东等，2000；武际等，2007）。磷素在作物体内是核蛋白、磷脂和核酸等的组成成分，它通过促进光合作用来参与碳水化合物及蛋白质的组成和转移，同时磷能够促进植株对氮素的代谢，能显著提高冬小麦氮素的累积量，有利于干物质的积累，从而提高作物产量（张世熔等，2003；周忠新，2006）。磷对冬小麦生长和产量的影响研究前人已得出不少结果，如岳寿松和于振文（1994）研究得出土壤速效磷对冬小麦整个生育期的生长发育都有促进作用，通过提高冬小麦的群体光合作用，降低籽粒灌浆的速率，显著提高了冬小麦生育后期的籽粒产量。Michael（1983）和 Medhi 等（1995）研究认为，施磷肥能促进小麦生长发育，磷素能间接影响小麦的籽粒蛋白，从而影响到小麦产量。王旭东和于振文（2003）认为在缺磷的土壤上适量施用磷肥，可以提高小麦的籽粒产量和蛋白质含量，但要获得优质高产的小麦，其施磷量是有一定范围的。

表 5-1　褐土区和潮土区表层土壤理化性状

Table 5-1　Basic chemical properties of the two soil types on surface

土壤 Soil	pH	有机质 SOM (%)	全氮 N (%)	全钾 K (%)	速效磷 Available P (mg·kg^{-1})	速效钾 Available K (mg·kg^{-1})	碳酸钙 CaCO$_3$ (%)	代换量 (Cmol·kg^{-1})	容重 Bulk density (g·cm^{-3})	孔隙度 Porosity (%)
褐土 Cinnamon soil region	8.2	0.95	0.060	1.95	10	102	3	12.7	1.34	49.4
潮土 Fluvo-aquic soils region	8.4	0.62	0.057	0.75	3.1	80	7	11.6	1.28	51.6

因此，褐土较高的土壤养分含量，为小麦的产量提供了更多的物质来源，这些土壤养分含量在褐土和潮土中的差异可能是两种不同土壤类型中小麦产量差异的来源之一。

二、代表站点气候特点

栾城区位于河北省石家庄市，处于暖温带半湿润地区，属温带大陆性季风气候，为褐土区代表站点。气候温和，光照充足，四季分明。年平均气温 12.8℃，年平均降水量 539 mm，年平均无霜期 205 d，年日照总时数 2521.9 h，年平均太阳辐射总量 125.4 kcal[①]·cm^{-1}。栾城是全国闻名的粮食生产基地县。根据 2001 年统计，粮经作物种植比达到 65：35，农业产业化率达 42%，种植结构调整面积约达到 11.5 万亩。

南宫市位于河北省邢台市，属于黄河冲积平原，大陆性季风气候。年平均气温 13℃，≥0℃年积温 4936.3℃，≥10℃年积温 4449.7℃。年日照总时数 2955 h。年平均降水量 457 mm，多集中在夏季的 7 月、8 月。年平均无霜期约 200 d。南宫市耕地面积占土地总面积的 76.92%，地下灌溉水资源丰富。

为了研究两种土壤类型下冬小麦生长的气候特点差异，本研究运用 1981~2009 年的气象数据通过计算日照时数、平均温度和有效降水量逐日平均值。由图 5-1~图 5-3 可以看出，冬小麦生长季内（10 月至翌年 6 月）两个土壤类型站点的气候条件相似，差异不明显。其中日照时数为 3.5~10.3 h·d^{-1}，平均值为 6.5 h·d^{-1}；平均温度为 –3.2~27.2℃·d^{-1}，平均值为 9.3℃·d^{-1}；有效降水量为 0~4.38 mm·d^{-1}，平均值为 0.58 mm·d^{-1}。

---

① 1 cal=4.184 J。

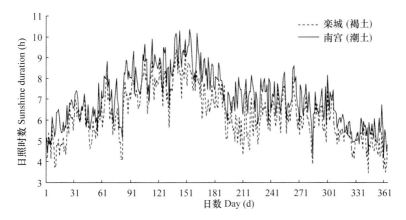

图 5-1 两个典型气象站点日平均日照时数变化

Figure 5-1 Variation of average daily sunshine duration on two meteorological stations

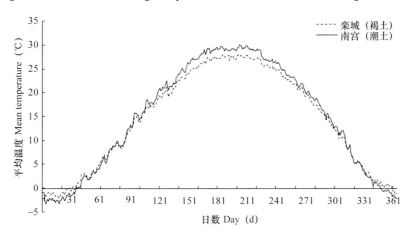

图 5-2 两个典型气象站点日平均温度变化

Figure 5-2 Variation of average daily temperature on two meteorological stations

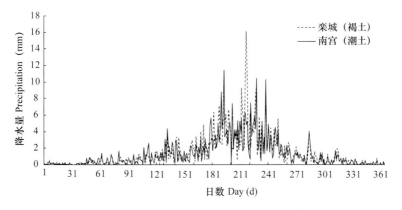

图 5-3 两个典型气象站点日平均有效降水量变化

Figure 5-3 Variation of average daily effective precipitation on two meteorological stations

三、站点冬小麦生育期和灌溉需水量的变化

全球气候变暖将会对温度和降雨产生影响，从而直接影响土壤的湿度（McKenney and Rosenberg，1993），导致农业用水压力与日俱增。而我国农业生产用水占总用水量的80%（房全孝和陈雨海，2003），农业水资源短缺和灌溉水利用率低的问题一直存在，因此明确气候变化对农作物的灌溉需水量的影响对于合理安排农业灌溉水量具有重要的意义。

华北平原是中国冬小麦主产区之一，气候变化必然会影响到冬小麦生育期和其对水分的需求，从而影响到其产量和品质。在华北地区普遍升温的背景下，冬小麦灌溉需水量区域变化研究是一个重要研究内容，影响冬小麦灌溉需水量的驱动因素也需进一步明确。因此，本研究以河北为例，利用1981~2009年栾城和南宫2个典型站点的冬小麦生育数据和气象资料，研究了冬小麦生育期的变化和灌溉需水量的主要影响因素及其规律，为合理配置灌溉计划和提高水资源的利用效率提供重要的参数，为冬小麦种植制订适应气候变化措施提供科学的依据。

由表5-2可以看出，近29年来，两个站点冬小麦的拔节期、抽穗期和乳熟期以及南宫站冬小麦成熟期均有提前趋势，且褐土区栾城站提前幅度为1.23~2.56 $d \cdot 10a^{-1}$，潮土区南宫站提前幅度为0.4~3.0 $d \cdot 10a^{-1}$，均通过了$P=0.01$的显著性检验；可以看出高纬度站点的变化趋势较大。其他生育阶段日数均表现为增大趋势，即生育阶段呈推迟趋势，平均每10年推迟0.51~1.72 d，与前人的研究结果一致（谷永利等，2007；王斌等，2012；杨建莹等，2011）。从年际波动来看，整体变

表 5-2　冬小麦生育期日数变化趋势

Table 5-2　Change in day of year for winter wheat

生育期 Phenology	站点 Station	生育期日数 Days of year			站点 Station			
		均值 Mean（d）	离散系数 Coefficient	气候倾向率 Climatic tendency rate（$\cdot 10a^{-1}$）		均值 Mean（d）	离散系数 Coefficient	气候倾向率 Climatic tendency rate（$\cdot 10a^{-1}$）
播种期 Sowing date		277	0.02	0.86		286	0.02	1.48
出苗期 Seeding date		285	0.02	1.71		294	0.02	1.72
拔节期 Jointing date	栾城（褐土）	99	0.04	−2.36**	南宫（潮土）	95	0.06	−1.73
抽穗期 Heading date		120	0.03	−2.56**		117	0.04	−3.00**
乳熟期 Milk–ripe date		140	0.02	−1.23		141	0.02	−0.40
成熟期 Maturity date		160	0.01	0.51		157	0.02	−1.68**

*表示 $P<0.05$，**表示 $P<0.01$

*means $P<0.05$，**means $P<0.01$

化较一致,拔节期离散系数最大,为 0.04~0.06;而成熟期离散系数最小,为 0.01~0.02。6 个生育时期的年际波动程度依次为拔节期>抽穗期>播种期=出苗期=乳熟期≥成熟期。

由表 5-3 可以看出,褐土区栾城站的全生育期长度比潮土区南宫站长约 11 d。而近 29 年来,2 个站点的全生育期均表现为缩短,且南宫站生育期缩短最为显著,通过了 $a=0.05$ 的显著性检验(图 5-4)。

有研究发现,冬小麦播种期的变化与平均温度呈正相关,而与日照时数呈负相关(谷永利等,2007)。播种期推迟还可能和前茬玉米推迟收获有关,而拔节期提前的原因是日照时数减少,积温的增加导致冬小麦成熟期推迟(谷永利等,2007;王斌等,2012)。气候变化使我国的冬小麦种植区向北扩展,且适宜种植的品种向减弱冬性方向演化(丁一汇和石广玉,1997;林而达,1997)。由于近 30 年来,农作物的种植制度和品种更替的变化,对作物生育期的影响也是不可忽视的。

采用趋势分析法,分析 2 个典型站 1981~2009 年的冬小麦生长季内各气象要素的变化。总体上,冬小麦播种—出苗期有效降水量变化趋势较显著,其中栾城

表 5-3 典型站点冬小麦生育期长度年际变化

Table 5-3 Variability of growth period length of meteorological stations

站点 Stations	生育期长度 Growth period length			
	最大值 Max(d)	最小值 Min(d)	均值 Mean(d)	气候倾向率 Climatic tendency rate(·10a^{-1})
栾城(褐土)Luancheng	254	234	247	−0.35
南宫(潮土)Nangong	249	224	236	−3.16[*]

*表示 P<0.05,**表示 P<0.01

*means P<0.05,**means P<0.01

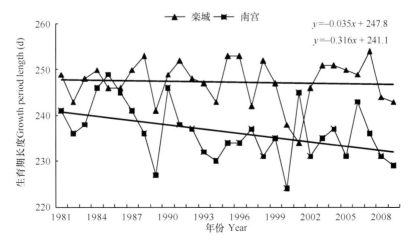

图 5-4 典型站点生育期长度变化

Figure 5-4 Variability of growth period length of meteorological stations

站呈增加趋势，而南宫站呈减少趋势，且通过 $P=0.05$ 的显著性检验（表5-4）。除栾城出苗—拔节期、南宫播种—出苗期和两个站点的乳熟—成熟期呈减少趋势外，冬小麦其他生育阶段有效降水量基本呈增加趋势，但不存在显著性差异，其中栾城站全生育期的有效降水量升幅范围（$1.73 \text{mm·}10 \text{ a}^{-1}$）高于南宫站。由此可见，华北平原冬小麦生长季内有效降水量年际变化趋势不一致，且年际变化波动较大，与相关研究（杨贤等，2012）结果一致。

已有的研究结果显示，过去50年华北区是气温上升幅度较大的地区之一（左洪超等，2004）。冬小麦生育期阶段，除了播种—出苗期温度有小幅下降趋势以外，其他阶段温度都呈上升趋势，且各站点不同生育阶段温度的升幅范围为 $0.02\sim0.08℃·10\text{a}^{-1}$。两个站点的风速变化较不一致，栾城站冬小麦生育阶段风速都呈减小趋势，且通过了 $P=0.01$ 的显著性检验，而南宫站只有拔节—抽穗期和抽穗—乳熟期风速呈减小趋势，其余生育阶段都呈增加趋势，但是趋势不显著。此外，栾城站和南宫站的日照时数和相对湿度呈下降趋势。

表5-4　冬小麦不同生育阶段各气象要素的气候倾向率

Table 5-4　Climatic tendency rate of each climatic variable during different growth stages of winter wheat

站点 Stations	生育期 Growth period	有效降水量 Effective precipitation（mm·10 a^{-1}）	需水量 Water demand（mm）	日照时数 Sunshine hours（h）	相对湿度 Relative humidity（%）	平均温度 Mean temperature（℃）	风速 Wind speed（m·s^{-1}）
栾城（褐土区）Luancheng	播种—成熟期	1.73	−6.57	−72.29[*]	−1.99	0.67[**]	−0.23[**]
	播种—出苗期	1.20	−1.05	−6.49	−0.88	−0.06	−0.24[**]
	出苗—拔节期	−2.06	1.29	−53.50	−2.30	0.77[**]	−0.23[**]
	拔节—抽穗期	1.41	−3.82	−5.08	0.11	0.42	−0.36[**]
	抽穗—乳熟期	1.58	−3.90	−9.37	−0.18	0.54[**]	−0.27[**]
	乳熟—成熟期	−0.83	0.34	0.61	−4.04	0.56	−0.16[**]
南宫（潮土区）Nangong	播种—成熟期	1.50	8.58	−29.75	−0.57	0.46[**]	0.06
	播种—出苗期	−1.73[*]	1.02	2.64	−4.14	0.83	0.05
	出苗—拔节期	0.44	7.85[*]	−34.38	−0.50	0.52[**]	0.08
	拔节—抽穗期	1.32	−1.03[*]	−2.40	0.46	0.23	−0.04
	抽穗—乳熟期	2.61	−0.37	−1.33	0.66	0.34	−0.02
	乳熟—成熟期	−0.88	0.86	4.98	−2.91	0.19	0.03

*表示 $P<0.05$，**表示 $P<0.01$

*means $P<0.05$，**means $P<0.01$

通过对1981—2009年栾城站和南宫站冬小麦灌溉需水量变化的气候倾向率进行分析（表5-5），可以得出，南宫站所需的灌溉需水量较多。从两个站点的需水强度（日平均灌溉需水量）来看（图5-5），需水强度较大的生育阶段是拔节—

表 5-5　冬小麦不同生育阶段灌溉需水量变化趋势

Table 5-5　Change of irrigation water requirement during different growth stages of winter wheat

生育期 Phenology	灌溉需水量 Irrigation water requirement							
	站点 Station	均值 Mean （mm）	离散系数 Coefficient	倾向率 Tendency rate （mm·10a⁻¹）	站点 Station	均值 Mean （mm）	离散系数 Coefficient	倾向率 Tendency rate （mm·10a⁻¹）
播种—成熟期 Sowing to maturity stage		325	0.17	−8.30		350	0.14	7.08
播种—出苗期 Sowing to seeding stage		9	0.91	−2.25		10	0.61	2.75*
出苗—拔节期 Seeding to jointing stage	栾城 （褐土区）	128	0.23	3.34	南宫 （潮土区）	123	0.20	7.40
拔节—抽穗期 Jointing to heading stage		77	0.24	−5.24		81	0.19	−2.35
抽穗—乳熟期 Heading to milk-ripe stage		90	0.25	−5.48		117	0.23	−2.98
乳熟—成熟期 Milk-ripe to maturity stage		31	0.37	1.17		29	0.40	1.74

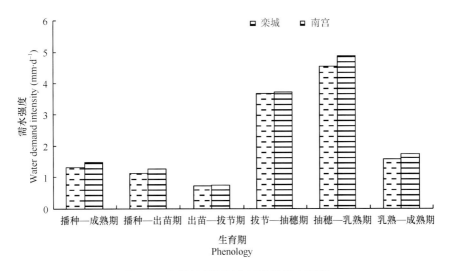

图 5-5　典型站点不同生育阶段需水强度

Figure 5-5　Water demand intensity in different growth stages for meteorological stations

抽穗期和抽穗—乳熟期，是其他生育阶段的 3~6 倍。从年际波动来看，栾城站的年际波动系数较大，但两个站点不同生育阶段的系数大小变化较一致。播种—出苗期的年际波动系数最大，栾城站和南宫站分别为 0.91 和 0.61；而最小的是播种—成熟期，分别是 0.17 和 0.14。

华北地区冬小麦各生育阶段的灌溉需水量随时间变化的变化不同，两个站点拔节—抽穗期和抽穗—乳熟期阶段灌溉需水量均表现为不同程度的减少，但是趋势不显著；而出苗—拔节期和乳熟—成熟期则表现为增加趋势。就整个生育期而言，栾城站有减少趋势，为 8.30 mm·10 a^{-1}，且变化幅度较大；而南宫站的趋势正好相反，增加了 7.08 mm·10 a^{-1}。但灌溉需水量变化均未通过显著性检验。

两个站点冬小麦各生育阶段的灌溉需水量百分比值大小顺序一致（表 5-6），其中栾城站和南宫站的拔节—抽穗期和抽穗—乳熟期的灌溉需水量分别占总灌溉需水量的24%和27%、23%和33%，总和均高于 50%，占据了整个生育期需水量的关键位置。而近 29 年来，两站点拔节—抽穗期和抽穗—乳熟期的灌溉需水量百分比均表现为减少趋势，分别减少：1.2%·10 a^{-1}和 0.5%·10 a^{-1}、1.3%·10 a^{-1}和 1.2%·10 a^{-1}。灌溉需水量百分比最小的生育阶段是播种—出苗期，两个站点的值分别是 2.7%和2.8%。

表 5-6　冬小麦不同生育阶段灌溉需水量百分比变化趋势

Table 5-6　Change of percentage of irrigation water requirement during different growth stages of winter wheat

生育期 Phenology	灌溉需水量百分比 Percentage of irrigation water requirement							
	站点 Station	均值 Mean （mm）	离散系数 Coefficient （%）	倾向率 Tendency rate （mm·10 a^{-1}）	站点 Station	均值 Mean （mm）	离散系数 Coefficient （%）	倾向率 Tendency rate （mm·10 a^{-1}）
播种—成熟期 Sowing to maturity stage		325	100	—		350	100	—
播种—出苗期 Sowing to seeding stage		9	2.7	–0.4		10	2.8	0.8
出苗—拔节期 Seeding to jointing stage	栾城 （褐土区）	128	39	1.1	南宫 （潮土区）	123	35	0.9
拔节—抽穗期 Jointing to heading stage		77	24	–1.2		81	23	–1.3
抽穗—乳熟期 Heading to milk-ripe stage		90	27	–0.5		117	33	–1.2
乳熟—成熟期 Milk-ripe to maturity stage		31	9.3	1.1		29	8.2	0.6

栾城站冬小麦灌溉需水量百分比值小于南宫站的生育阶段有：播种—出苗期和抽穗—乳熟期，分别相差 0.1%和 6%；而其他 3 个阶段：出苗—拔节期、拔节—抽

穗期和乳熟—成熟期，栾城站冬小麦灌溉需水量百分比值大于南宫站，两者相差4%、1%和1.1%。由此可以看出，在冬小麦灌浆期两站点的灌溉需水量百分比值差别最大，说明两站点冬小麦在灌浆期对干旱的适应能力差异显著。冬小麦灌浆期干旱对干物质积累影响较大，会导致严重减产，因此要在有限供水的条件下，加大灌浆期等关键生育时期的灌溉水比例。

四、试验设计

为了研究不同土壤类型的冬小麦干旱适应能力，选用当地种植年份较长的品种即石新和邯 5316 为试验品种，在其栽培管理措施输入一致的情况下，结合生育阶段的水分亏缺量与当地的实际灌溉情况，设定了冬小麦的灌溉量。其中灌溉量设 5 个水平：雨养（无灌溉）、150 mm、充分灌溉（CF1，CF2，CF3）、210 mm、270 mm，分别以 W0（CK）、W1、W2、W3、W4 表示，灌溉时期为越冬期、拔节期和灌浆期，各时期的灌溉量见表 5-7。氮肥施 220 kg N·hm^{-2}，其中，50%底施，50%拔节期追施。磷肥和钾肥为底肥，施肥量分别为 P$_2$O$_5$ 150 kg·hm^{-2}、K$_2$O 120 kg·hm^{-2}。

表 5-7　不同灌水处理试验设计
Table 5-7　Different irrigation treatments design of experiment

灌溉试验处理 Treatments	浇水量 Irrigation amount（mm）		
	越冬期 Wintering stage	拔节期 Jointing stage	灌浆期 Filling stage
W0	0	0	0
W1	50	50	50
W2	CF1	CF2	CF3
W3	70	70	70
W4	90	90	90

充分灌溉处理的灌溉量设计原则是采用站点冬小麦 3 个生育时期灌溉需水量的结果，然后依次设置了高中低 3 种水平。充分灌溉根据逐年的计算结果，每年的灌溉量不同。其中 150 mm 灌溉量水平与褐土站农田实际灌溉水平相同，210mm 灌溉量水平与潮土站农田实际灌溉水平相同。

五、DSSAT 模型参数调整和验证

CERES-Wheat 模型要较好地模拟小麦整个生长和发育过程，首先需要对七大遗传参数进行校准，作物遗传参数主要由作物的生物特性决定，包括 7 个决定参数：春化作用系数（P1V）、光周期系数（P1D）、灌浆期系数（P5）、籽粒数/株重（G1）、籽粒的灌浆率（G2）、籽粒数修正系数（G3）和叶热间距（PHINT）。

选取较长时间序列的田间试验，在单个站点上对模拟值和观测值进行对比分

析，验证模型对冬小麦产量模拟的准确性，本节对河北省栾城区和南宫市进行模拟。数据资料选取的是连续 10 年（2000~2009 年）的田间试验数据，由于 10 年间小麦品种变更较多，在这里选取种植年数 5 年以上的品种，栾城区种植的品种是石新，南宫市种植的品种是邯 5316，两个站点冬小麦品种遗传参数见表 5-8，其中栾城冬小麦产量变化趋势见图 5-6。

表 5-8　典型站点冬小麦品种遗传参数

Table 5-8　Genetic coefficients for winter wheat cultivar in meteorological stations

参数名称 Parameter name	P1V	P1D	P5	G1	G2	G3	PHINT
石新遗传参数值 Genetic parameter values for Shixin	38	50	705	27	38	1.0	95
邯 5316 遗传参数值 Genetic parameter values for Han5316	38	40	710	27	35	1.5	95
取值范围 Value range	0~60	0~150	600~900	15~30	20~60	1.0~2.5	60~100

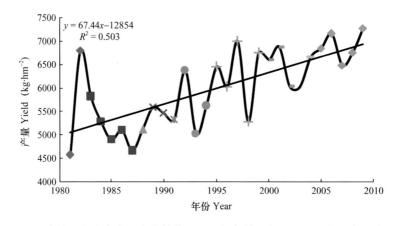

图 5-6　栾城区冬小麦产量变化趋势（不同颜色符号代表不同的冬小麦品种）

Figure 5-6　Yield change for winter wheat in Shijiazhuang Luancheng(Different color symbols represent different winter wheat varieties)

由图 5-7 可知，过去几十年试验站点的冬小麦品种变换较为频繁。运用模型统一冬小麦品种进行模拟，可以有效消除作物品种产生的误差，因此模拟的冬小麦产量变化只受土壤条件和气候条件等外界因素的影响。

通过对两个站点冬小麦的综合模拟（图 5-7、图 5-8 和图 5-9），可以看出 CERES-Wheat 表现出较好的模拟能力。对于两个站点生育期模拟较准确，模拟误差均小于 5%，其中栾城站和南宫站的开花期的相关系数最高，分别为 0.92 和 0.82，模拟误差分别为 5 d 和 4 d；两站点成熟期的相关系数分别为 0.76 和 0.81，低于开花期，但模拟误差较小，分别为 3 d 和 4 d；对于产量的模拟一致性相对较差，但模拟误差均小于 10%，两个站点的产量模拟误差约为 440 kg·hm^{-2} 和 260 kg·hm^{-2}。

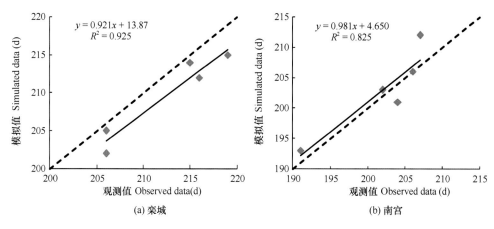

图 5-7　模拟与实测的冬小麦开花期的对比

Figure 5-7　Comparison of simulated and observed anthesis day for winter wheat

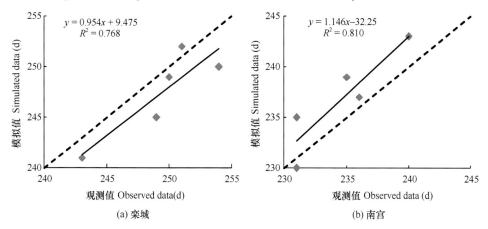

图 5-8　模拟与实测的冬小麦成熟期的对比

Figure 5-8　Comparison of simulated and observed maturity day for winter wheat

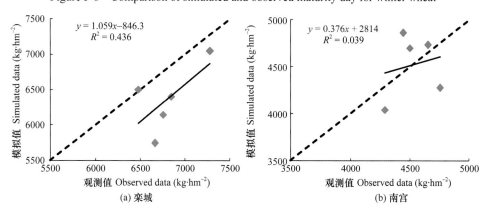

图 5-9　模拟与实测的冬小麦产量的对比

Figure 5-9　Comparison of simulated and observed yield for winter wheat

对产量和生育期的验证结果通过了 0.05 水平上的 F 检验，说明 CERES-Wheat 模型对冬小麦生产的模拟与生产实际相符合，具有较好的适用性（表 5-9）。

表 5-9　模拟与实测的冬小麦生育期和产量的均方根差
Table 5-9　RMSD of simulated and observed yield for winter wheat

RMSD	开花期 Flower stage（d）	成熟期 Maturity stage（d）	产量 Yield（kg·hm⁻²）
栾城（褐土区）Luancheng	5	3	440
南宫（潮土区）Nangong	4	4	260

（本节作者：严昌荣　胡　玮　刘恩科）

第三节　褐土区干旱对冬小麦产量的影响

冬小麦的产量主要由单位面积的粒数和千粒重构成。因此要提高其产量，就要选取穗数多且穗粒大的品种进行种植或者通过农艺措施来提高作物的这两项指标。因 CERES-Wheat 模型的模拟结果没有细化到单位面积穗数，因此本研究没有对这一要素进行分析，有待通过大田试验进一步深入研究。本研究在选用同一品种的基础上，通过调节灌溉水量来研究冬小麦在褐土条件下的产量及其构成变化，并深入剖析产量变化与土壤特性的关系。

一、不同水分条件下冬小麦产量变化

从年际变化来看（图 5-10），5 个处理冬小麦的产量均呈小幅增加趋势，但趋势不显著。雨养条件（W0）下的冬小麦产量最低，说明栾城地区冬小麦生长季的

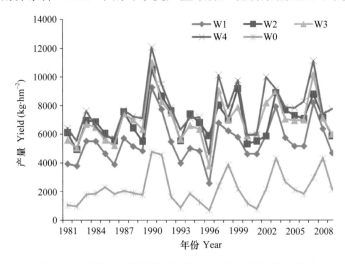

图 5-10　栾城区不同灌溉水平下冬小麦产量变化趋势
Figure 5-10　Change of yield for winter wheat with different irrigation in Shijiazhuang Luancheng

自然降雨无法满足其生长的需求。通过不同灌溉量下冬小麦产量比较，可以得出随着灌溉量的逐渐增加，产量也呈逐渐增加趋势。通过相关性分析，也得出两者呈正相关关系，且决定系数 R^2 高达 0.959，呈极显著水平（图 5-11）。

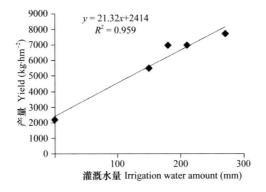

图 5-11　栾城区冬小麦灌溉水量与产量的关系

Figure 5-11　Correlation between yield of winter wheat and different irrigation in Shijiazhuang Luancheng

从图 5-10 中可见，雨养条件（W0）下个别年份如：1982 年、1993 年、1996 年、2001 年的产量较低，均未达到 1000 kg·hm^{-2}。主要是由于这几年生育期内降水偏少，且降水不均匀，关键的拔节期和灌浆期降水不足全生育期的 10%。通过对关键生育期补充灌溉后，冬小麦产量都有不同幅度的增加。

二、不同水分条件下冬小麦粒数变化

不同灌溉水条件下冬小麦单位面积粒数变化趋势较一致（图 5-12）。穗粒数对水分的变化较敏感，随灌溉水量增加，单位面积粒数呈增加趋势，但其趋势不显

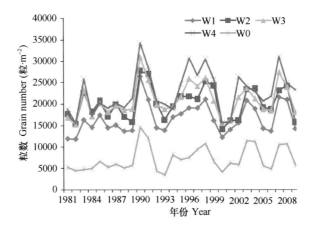

图 5-12　栾城区不同灌溉水平下冬小麦单位面积粒数变化趋势

Figure 5-12　Change of seeds per ear for winter wheat with different irrigation in Shijiazhuang Luancheng

著。其整体变化幅度与产量变化较一致，即产量越高，单位面积粒数越多。与灌溉水量成正比，决定系数水平高达 0.973（图 5-13）。

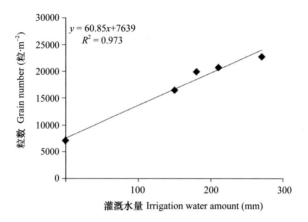

图 5-13　栾城区冬小麦灌溉水量与单位面积粒数的关系

Figure 5-13　Correlation between seeds per ear of winter wheat and different irrigation in Shijiazhuang Luancheng

三、不同水分条件下冬小麦千粒重变化

冬小麦千粒重随水分变化的变化较复杂（图 5-14）。冬小麦千粒重主要受小麦品种遗传因素的影响，但生育后期灌浆期土壤缺水也会严重影响到冬小麦粒重。关键生育期干旱造成冬小麦灌浆不足，引起粒重减轻，从而导致大幅度减产。当降水量能够基本满足冬小麦需水量的 20% 且降水均匀时，更加有利于冬小麦单粒的

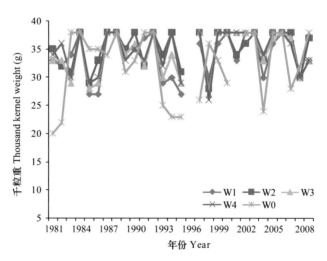

图 5-14　栾城区不同灌溉水平下冬小麦千粒重变化趋势

Figure 5-14　Change of thousand kernel weight for winter wheat with different irrigation in Shijiazhuang Luancheng

干物质积累。有学者（王俊儒和李生秀，2000；李尚中等，2007；单长卷等，2008）研究指出，适度的水分胁迫有助于冬小麦灌浆速率的提高和干物质的积累，从而达到增产的目的。反之，如果灌溉水量过多，会导致苗旺长贪青，反而不利于冬小麦成熟，导致减产。图中大部分年份中，当对冬小麦进行充分灌溉时，千粒重就已经达到了最大值。对千粒重和灌溉水量进行相关分析（图 5-15），得出近几十年冬小麦千粒重有随灌水量增加而增加的趋势，但趋势不显著，相关决定系数 R^2 为 0.76。

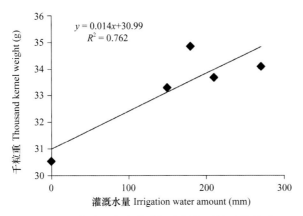

图 5-15　栾城区冬小麦灌溉水量与千粒重的关系

Figure 5-15　Correlation between thousand kernel weight of winter wheat and different irrigation in Shijiazhuang Luancheng

四、不同水分条件下冬小麦生物量变化

从图 5-16 可以看出，冬小麦生物量的变化趋势与穗粒数相同，即随水分的增加而变大。不同灌溉水量处理情况下，生物量呈显著增加趋势，相关决定系数高

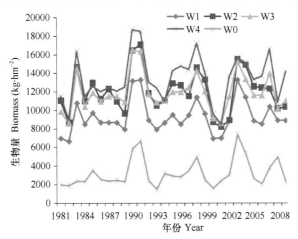

图 5-16　栾城区不同灌溉水平下冬小麦生物量变化趋势

Figure 5-16　Change of biomass for winter wheat with different irrigation in Shijiazhuang Luancheng

达 0.96 以上（图 5-17）。其中 1990 年、1991 年、1998 年和 2007 年变化较显著。

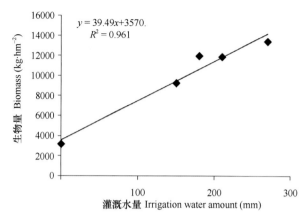

$$y = 39.49x + 3570.$$
$$R^2 = 0.961$$

图 5-17 栾城区冬小麦灌溉水量与生物量的关系

Figure 5-17 Correlation between biomass of winter wheat and different irrigation in Shijiazhuang Luancheng

（本节作者：严昌荣 胡 玮 李迎春）

第四节 潮土区干旱对冬小麦产量的影响

一、不同水分条件下冬小麦产量变化

从年际变化来看（图 5-18），4 个不同灌水量处理冬小麦的产量均呈小幅增加趋势，但趋势不显著。22 年的雨养条件下的冬小麦产量极低，每公顷不足 1000 kg，说明南宫地区冬小麦生长季的干旱已经严重制约了冬小麦的生长。通过不同灌溉量下的产量比较，得出随着灌溉量的逐渐增加，产量也呈逐渐增加趋势。通过相

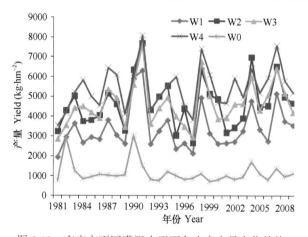

图 5-18 南宫市不同灌溉水平下冬小麦产量变化趋势

Figure 5-18 Change of yield for winter wheat with different irrigation in Xingtai Nangong

关性分析，也得出两者呈正相关关系，且决定系数 R^2 高达 0.964（图 5-19），呈极显著水平。

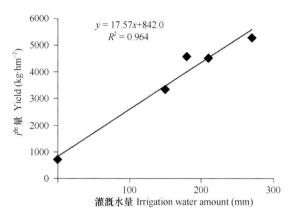

图 5-19　南宫市冬小麦灌溉水量与产量的关系

Figure 5-19　Correlation between yield of winter wheat and different irrigation in Xingtai Nangong

从图 5-18 中可见，雨养条件下的产量特别低，主要是由于冬小麦生育期内有效降水偏少，且降水不均匀，全生育期有效降水不足冬小麦需水量的 15%。通过对关键生育期补充灌溉后，冬小麦产量都有不同幅度的增加。

二、不同水分条件下冬小麦粒数变化

冬小麦单位面积粒数变化趋势较一致(图 5-20)。穗粒数对水分的变化较敏感，不同灌溉水量下，单位面积粒数呈小幅增加趋势，但其趋势不显著。其整体变化幅度与产量变化相同，即产量越高，单位面积粒数越多。与灌溉水量成正比，决定系数水平高达 0.987（图 5-21）。

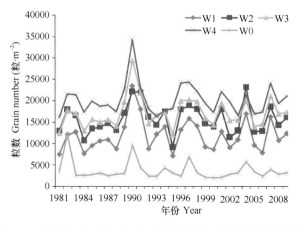

图 5-20　南宫市不同灌溉水平下冬小麦单位面积粒数变化趋势

Figure 5-20　Change of seeds per ear for winter wheat with different irrigation in Xingtai Nangong

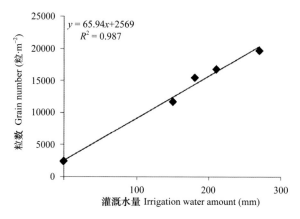

图 5-21　南宫市冬小麦灌溉水量与单位面积粒数的关系

Figure 5-21　Correlation between seeds per ear of winter wheat and different irrigation in Xingtai Nangong

三、不同水分条件下冬小麦千粒重变化

冬小麦千粒重随水分变化的变化不大（图 5-22）。冬小麦千粒重主要受小麦品种遗传因素的影响，但生育后期灌浆期土壤缺水也会严重影响到冬小麦粒重。由于关键生育期干旱造成冬小麦灌浆不足，引起粒重减轻，从而导致大幅度减产。从图中可以看出，南宫站在雨养条件下的冬小麦千粒重基本都达到了最大值，说明干旱条件下更加有利于冬小麦单粒的干物质积累。如果要增加产量，还需要提高冬小麦的穗粒数，这与土壤类型、耕作方式、土壤肥力、日照时数和品质遗传特性等有关系（张胜爱等，2006；韩宾等，2007；崔振岭等，2008；王宏等，2010；李克南等，2012）。

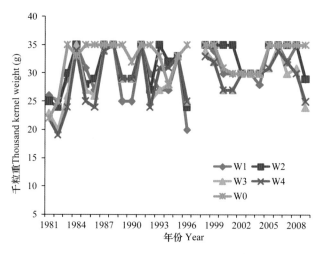

图 5-22　南宫市不同灌溉水平下冬小麦千粒重变化趋势

Figure 5-22　Change of thousand kernel weight for winter wheat with different irrigation in Xingtai Nangong

对千粒重和灌溉水量进行相关分析（图 5-23），得出近几十年冬小麦千粒重随灌水量变化的变化趋势不明显。Labharat 等（1983）研究指出，适度水分胁迫有助于冬小麦粒重的增加。

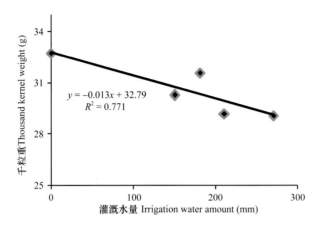

图 5-23　南宫市冬小麦灌溉水量与千粒重的关系

Figure 5-23　Correlation between thousand kernel weight of winter wheat and different irrigation in Xingtai Nangong

四、不同水分条件下冬小麦生物量变化

冬小麦生物量的变化趋势与产量和穗粒数相同（图 5-24），即随水分的增加而变大。随着关键生育时期灌溉水量的增加，生物量呈显著增加趋势，相关决定系数高达 0.97 以上（图 5-25）。其中 1990 年、1991 年和 2004 年变化较显著。

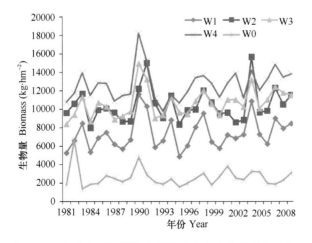

图 5-24　南宫市不同灌溉水平下冬小麦生物量变化趋势

Figure 5-24　Change of biomass for winter wheat with different irrigation in Xingtai Nangong

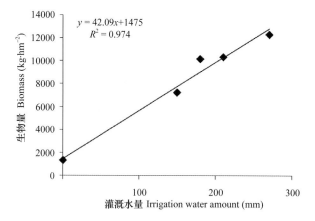

$$y = 42.09x + 1475$$
$$R^2 = 0.974$$

图 5-25　南宫市冬小麦灌溉水量与生物量的关系

Figure 5-25　Correlation between biomass of winter wheat and different irrigation in Xingtai Nangong

（本节作者：严昌荣　胡　玮　李迎春　刘恩科）

第五节　两个典型站点冬小麦干旱适应能力比较

模型在两种土壤类型模拟的冬小麦多年平均产量及其构成要素在不同灌溉水量处理下表现差异明显（表 5-10）。两种土壤的冬小麦产量随灌水量的增加呈增加趋势，与前人研究的田间试验结果相同（王璞和鲁来清，2001；孟维伟等，2011；文新亚和陈阜，2011）。W4 处理的产量最高，褐土和潮土条件下分别达到了 7705 kg·hm^{-2}

表 5-10　不同灌水条件下冬小麦产量及其构成因素的变化

Table 5-10　Variation of annual average yield component for winter wheat with different irrigation

土壤类型 Soil type	处理 Treatment	产量 Grain yield （kg·hm^{-2}）	变异系数 CV	单位面积粒数 Number of kernel per ear（粒·m^{-2}）	变异系数 CV	千粒重 Thousand kernel weight（g）	变异系数 CV	生物量 Biomass （kg·hm^{-2}）	变异系数 CV
栾城 （褐土区） Luancheng	W0	2213.7d	0.52	7143d	0.40	30.5c	0.27	3210.5d	0.48
	W1	5491.8c	0.26	16567c	0.21	33.3b	0.16	9296c	0.19
	W2	6966.2b	0.19	20062b	0.19	34.8a	0.10	11991.5b	0.19
	W3	6971.3b	0.22	20852b	0.18	33.6ab	0.15	11912.7b	0.17
	W4	7705.3a	0.23	22867a	0.22	34.1a	0.15	13431.5a	0.19
南宫 （潮土区） Nangong	W0	1174d	0.47	3720e	0.61	31.6a	0.18	2600.5d	0.41
	W1	3391.1c	0.32	11885d	0.31	29.2b	0.19	7373.8c	0.23
	W2	4651.2b	0.26	15705c	0.22	30b	0.19	10425.6b	0.17
	W3	4624.8b	0.24	17140b	0.21	27.4c	0.22	10643.7b	0.14
	W4	5455.8a	0.20	20264a	0.18	27.4c	0.22	12650a	0.14

注：不同小写字母表示处理间差异达 5%显著水平

Note: The lowercase letters indicate a significance level of 0.05

和 5455 kg·hm^{-2}，全生育期无灌水处理 W0 产量显著低于各灌水处理，灌水处理中 W2 和 W3 处理无显著性差异。在潮土条件下，W3 处理产量略低于 W2，差异不显著。

单位面积粒数随灌水量变化的变化趋势与产量一致，在褐土条件下，除灌水处理中 W2 和 W3 处理穗粒数无显著性差异外，其他处理间差异较显著；在潮土条件下，处理间的穗粒数差异较显著。

两种土壤下冬小麦千粒重对灌水的响应不同：褐土条件下，W0 处理的千粒重最小，仅为 30.5 g，W2 处理的千粒重最大，达 34.8 g，比处理 W3 和 W4 分别高 1.2 g 和 0.7 g；潮土条件下，W3 和 W4 处理的千粒重最小，仅为 27.4 g，W0 处理的千粒重最大，达 31.6 g，比处理 W4 高 4.2 g；表明灌水量过多会导致千粒重降低。

在不同处理中，两种土壤下的冬小麦生物量的差异较显著，各灌水处理显著高于 W0，W2 和 W3 之间无显著差异，W4 处理显著高于其他处理，表明灌水量增加，生物量也随着增加。刘兆晔等（2006）研究得出提高生物产量是增加小麦产量的有效途径之一。

从变异系数来看，不同处理中，两种土壤下的冬小麦产量、单位面积粒数和生物量整体变化较一致，W0 处理最大，为 0.40~0.61，W4 处理最小，为 0.14~0.23。仅有千粒重的变化不同，褐土条件下，W0 处理最大，为 0.27，W2 处理最小，为 0.10；潮土条件下，W3 和 W4 处理最大，均为 0.22，W0 处理最小，为 0.18。随着灌水量的增加，变异系数呈减小趋势，表明随着灌水量的逐渐增加，冬小麦产量、单位面积粒数和生物量受到的影响减小。

对同一水分处理下两种土壤类型产量及其构成进行比较，不同处理下褐土的冬小麦产量、单位面积粒数和生物量高于潮土，而 W0 处理下，褐土条件下冬小麦千粒重低于潮土，两者相差 1.1 g，其他处理下褐土高于潮土。表明在无灌水条件下，潮土中的冬小麦能保持较高的千粒重，有利于提高产量；随着灌水量的增加，潮土中的冬小麦产量、单位面积粒数和生物量增加幅度小于褐土，增产潜力较大。

由表 5-11 可以看出，随着灌水量的增加，灌溉水利用效率呈先升后降。4 个灌水处理的灌溉水利用效率差异显著。褐土和潮土的整体变化趋势较一致，W2 处理最高，分别为 2.37 kg·m^{-3} 和 1.74 kg·m^{-3}；W4 处理最低，分别为 2.03 kg·m^{-3} 和 1.38 kg·m^{-3}。随着灌水量的增加，虽然产量是逐渐增加趋势，但灌溉水利用效率却在灌水 200 mm 时达到峰值，然后灌水量增加，灌溉水利用效率反而呈变小的趋势，表明适度的水分胁迫有利于提高水分利用效率。有研究得出缺水可导致小麦减产，但过度灌水也不利于增产，反而降低了水分利用效率，造成水资源的浪费（于振文等，1995；许振柱和于振文，2003；吕丽华等，2007；姜东燕等，

2008）。应当根据不同的降水年型进行定量灌溉。

表 5-11　不同灌水条件下冬小麦灌溉水利用效率（WUEi）的变化

Table 5-11　Variation of irrigation water use efficiency for winter wheat with different irrigation

土壤类型 Soil type	处理 Treatment	产量 Grain yield（kg·hm^{-2}）	灌水量 Irrigation water（mm）	灌溉水利用效率 WUEi（kg·m^{-3}）
栾城 （褐土区） Luancheng	W0	2213.7	0	—
	W1	5491.8	150	2.18c
	W2	6966.2	200（CF）	2.37a
	W3	6971.3	210	2.26b
	W4	7705.3	270	2.03d
南宫 （潮土区） Nangong	W0	1174	0	—
	W1	3391.1	150	1.48d
	W2	4651.2	200（CF）	1.74a
	W3	4624.8	210	1.64b
	W4	5455.8	270	1.38c

通过对褐土和潮土中不同灌溉处理水平下的产量及构成要素的年平均值分析，可以得出两个站点的整体变化（千粒重除外）趋势较一致，均表现出充分灌溉水平下，增产幅度最大，说明通过计算得出的结果具有现实的指导意义。通过对生育期补充灌溉后，产量及其构成要素都有不同幅度的增加趋势，说明华北冬小麦种植还是要依赖灌溉，才能保证冬小麦的稳产和高产。

褐土条件下栾城站冬小麦分 3 次灌溉，每次灌溉量为 45~50 mm，县平均产量约为 6000 kg·hm^{-2}。W1 处理和当地的实际灌溉水平相同。 潮土条件下，W3 处理和当地的实际灌溉水平相同，南宫站冬小麦分 2~5 次灌溉，每次的灌溉量为 70~90 mm，县平均产量约为 4700 kg·hm^{-2}。模型模拟的产量与实际产量接近，表明模拟结果较准确，其结果可以用于指导农业生产。本研究结果得出，冬小麦在关键生育期灌水 60 mm 为最优灌溉量，与韩惠芳等（2013）及王璞和鲁来清（2001）研究结果较一致，也有专家认为关键生育期灌水 45 mm 为宜（姜东艳等，2008）。因此确定冬小麦的灌溉方案需根据苗情、地力水平、有效降水和土壤墒情共同决定，在制订当地冬小麦的灌溉计划时应当因地制宜、及时应变决策。

综上所述，单从增产幅度来看，潮土条件下的冬小麦生产更具有优势，但从基础产量上来分析，可以看出潮土下冬小麦年平均产量均低于褐土。因此潮土的冬小麦水分生产潜力比较大，增幅就更加显著。在假定冬小麦生产的气候条件、耕作栽培方式和施肥量相似的情况下，产量变化最主要的原因可能是其土壤特性。栾城的褐土中养分含量均高于南宫站的潮土，说明栾城褐土土壤基础肥力较高，

为冬小麦的稳产奠定了基础。

（本节作者：严昌荣　胡　玮　刘恩科）

第六节　小　结

本研究以华北区两个典型土壤区代表站点栾城和南宫为研究对象，利用 2 个典型站点 1981~2009 年的冬小麦生育数据和气象资料，研究了冬小麦生育期的变化和灌溉需水量的主要影响因素及其规律，然后利用 CERES-Wheat 模型模拟出两个站点不同土壤类型及不同灌溉水量对产量、千粒重、粒数和生物量的可能影响，为合理配置灌溉计划和提高水资源的利用效率提供重要的参数，为冬小麦种植制订适应气候变化措施提供科学的依据。本章主要结论如下。

（1）近 29 年来，两个站点冬小麦的拔节期、抽穗期和乳熟期以及南宫站冬小麦成熟期均有提前趋势，且栾城站提前幅度为 1.23~2.56 d·10a^{-1}，南宫站提前幅度为 0.4~3.0 d·10a^{-1}，其他生育阶段日数均表现为增大趋势，即生育阶段呈推迟趋势，平均每 10 a 推迟 0.51~1.72d。栾城站的全生育期长度比南宫站长约 11d。而近 29 年来，2 个站点的全生育期均表现为缩短。从年际波动来看，整体变化较一致，拔节期离散系数最大，为 0.04~0.06；而成熟期离散系数最小，为 0.01~0.02。6 个生育时期的年际波动程度依次为拔节期>抽穗期>播种期=出苗期=乳熟期≥成熟期。

（2）两个站点冬小麦各生育阶段的灌溉需水量随时间变化的变化不同，其中，拔节—抽穗期和抽穗—乳熟期阶段灌溉需水量均表现为不同程度的减少，但是趋势不显著；而出苗—拔节期和乳熟—成熟期则表现为增加趋势。就整个生育期而言，栾城站有减少趋势，为 8.3 mm·10 a^{-1}；而南宫站的趋势正好相反，增加 7.08 mm·10 a^{-1}。两个站点冬小麦需水强度较大的生育阶段相同，均为拔节—抽穗期和抽穗—乳熟期。冬小麦拔节—抽穗期和抽穗—乳熟期的灌溉需水量均占总灌溉量的 50% 以上，占据了整个生育期需水量的关键位置。在冬小麦灌浆期两站点的灌溉需水量百分比值差别最大，说明两站点冬小麦在灌浆期对干旱的适应能力差异显著，要在有限供水的条件下，应加大灌浆期等关键生育时期的灌溉水比例。

（3）冬小麦灌溉需水量与有效降水量、相对湿度呈负相关，且相关关系极显著，与生育期长度存在微负相关关系；与日照时数、平均温度和风速呈显著正相关。若考虑生育期长度变化，可以使灌溉需水量计算的结果更加精确。每个生育阶段灌溉需水量的变化的主要气象影响要素不同，拔节—抽穗期和抽穗—乳熟期最主要的影响要素是相对湿度；其他生育阶段都是有效降水量，其次是日照时数、风速和生育期长度。

（4）褐土和潮土条件下冬小麦产量、单位面积粒数、生物量随灌水量的增加而增加。全生育期无灌水处理 W0 显著低于各灌水处理。除灌水处理中 W2 和 W3 处理无显著性差异外，其他处理间差异较显著；两种土壤下冬小麦千粒重对灌水的响应不同：褐土条件下，W0 处理的千粒重最小，W2 处理的千粒重最大；潮土条件下，W3 和 W4 处理的千粒重最小，W0 处理的千粒重最大。不同处理中，随着灌水量的增加，两种土壤下的冬小麦产量、单位面积粒数和生物量变异系数呈减小趋势，整体变化较一致。W0 处理最大，W4 处理最小。

（5）随着灌水量的增加，灌溉水利用效率呈先升后降趋势。4 个灌水处理的灌溉水利用效率差异显著。褐土和潮土的整体变化趋势较一致，W2 处理最高，分别为 2.37 kg·m^{-3} 和 1.74 kg·m^{-3}；W4 处理最低，分别为 2.03 kg·m^{-3} 和 1.38 kg·m^{-3}。

（6）相同灌溉水量处理下，褐土的冬小麦产量、单位面积粒数和生物量高于潮土，而无灌水处理中，褐土条件下冬小麦千粒重低于潮土，两者相差 1.1 g，其他处理下褐土高于潮土。表明在无灌水处理中，潮土条件下冬小麦能保持较高的千粒重，有利于提高产量。在相似气候条件下，褐土的蓄水和保水性较好，因此褐土条件下冬小麦适应干旱的能力较突出，这与土壤特性的差异有关。通过对比分析，得出两种土壤类型下的气候特点和作物品种遗传参数差异不明显，说明冬小麦干旱适应能力的差异与土壤特性有关。褐土的土壤养分含量较高，尤其是有机质、速效磷和速效钾，能为小麦的产量提供更多物质来源，也提高了土壤本身的抗旱和保水能力。

参 考 文 献

曹红霞, 粟晓玲, 康绍忠, 等. 2007. 陕西关中地区参考作物蒸发蒸腾量变化及原因. 农业工程学报, 23(11): 8-15.

曹红霞, 粟晓玲, 康绍忠, 等. 2008. 关中地区气候变化对主要作物需水量影响的研究. 灌溉排水学报, 27(4): 6-9.

车京玉. 2011. 不同土壤类型的土壤肥力及含水量对春小麦产量的影响. 黑龙江农业科学, 3: 41-44.

陈玉民, 郭国双, 王广兴, 等. 1995. 中国主要作物需水量与灌溉. 北京: 中国水利电力出版社.

崔振岭, 陈新平, 张福锁, 等. 2008. 华北平原小麦施肥现状及影响小麦产量的因素分析. 华北农学报, 23: 224-229.

丁一汇, 石广玉. 1997. 中国的气候变化与气候影响的研究. 北京: 气象出版社: 513-519.

段爱旺, 孙景生, 刘钰, 等. 2004. 北方地区主要农作物灌溉用水定额. 北京: 中国农业科学技术出版社.

房全孝, 陈雨海. 2003. 冬小麦节水灌溉的生理生态基础研究进展. 干旱地区农业研究, 21(1): 21-26.

谷永利, 林艳, 李元华. 2007. 气温变化对河北省冬小麦主要发育期的影响分析. 干旱区资源与环境, 12(21): 141-146.

韩宾, 李增嘉, 王芸, 等. 2007. 土壤耕作及秸秆还田对冬小麦生长状况及产量的影响. 农业工程学报, 23(2): 48-53.

韩冰, 罗玉峰, 王卫光, 等. 2011. 气候变化对水稻生育期及灌溉需水量的影响. 灌溉排水学报, 30(1): 29-32.

韩惠芳, 赵丹丹, 沈加印, 等. 2013. 灌水量和时期对宽幅精播冬小麦产量及品质特性的影响. 农业工程学报, 29(14): 109-114.

姜东燕, 于振文, 张玉芳. 2008. 灌水量对小麦产量和水分利用率的影响. 山东农业科学, 6: 23-25.

居辉, 熊伟, 许吟隆, 等. 2005. 气候变化对我国小麦产量的影响. 作物学报, 31(10): 1340-1343.

雷水玲. 2001. 全球气候变化对宁夏春小麦生长和产量的影响. 中国农业气象, 22(2): 33-36.

李冬花, 郭瑞林, 张毅, 等. 1997. 钾对小麦产量及营养品质的影响研究. 河南农业大学学报, 31(4): 357-361.

李克南, 杨晓光, 刘园, 等. 2012. 华北地区冬小麦产量潜力分布特征及其影响因素. 作物学报, 38(8): 1483-1493.

李尚中, 王勇, 樊廷录, 等. 2007. 水分胁迫对冬小麦生长发育和产量的影响. 甘肃农业科技, 10: 3-6.

李天军, 曹红霞. 2009. 参考作物蒸发蒸腾量对关中地区主要气象因素变化量的敏感性分析. 西北农林科技大学学报(自然科学版), 37(7): 68-74.

李永庚, 于振文, 梁晓芳, 等. 2001. 山东省强筋小麦种植区划研究. 山东农业科学, 5: 3-9.

林而达. 1997. 气候变化与农业——最新研究成果与政策考虑. 地学前缘, 4: 1-2.

刘晓英, 李玉中, 郝卫平. 2005. 华北主要作物需水量近 50 年变化趋势及原因. 农业工程学报, 21(10): 155-159.

刘晓英, 林而达. 2004. 气候变化对华北地区主要作物需水量的影响. 水利学报, 2: 77-83.

刘钰, Pereira L S. 2000. 对 FAO 推荐的作物系数计算方法的验证. 农业工程学报, 16(5): 26-30.

刘钰, 汪林, 倪广恒, 等. 2009. 中国主要作物灌溉需水量空间分布特征. 农业工程学报, 25(12): 6-12.

刘兆晔, 于经川, 杨久凯, 等. 2006. 小麦生物产量、收获指数与产量关系的研究. 中国农学通报, 22(2): 182-184.

吕丽华, 胡玉昆, 李雁鸣, 等. 2007. 灌水方式对不同小麦品种水分利用效率和产量的影响. 麦类作物学报, 27(1): 88-92.

孟维伟, 褚鹏飞, 于振文, 等. 2011. 灌水对不同品种小麦茎和叶鞘糖含量及产量的影响. 应用生态学报, 22(10): 2487-2494.

秦大河, Thomas Stocker. 2014. IPCC 第五次评估报告第一工作组报告的亮点结论. 气候变化研究进展, 10(1):1-6.

邱新法, 刘昌明, 曾燕. 2003. 黄河流域近 40 a 蒸发皿蒸发量的气候变化特征. 自然资源学报, 18(4): 438-442.

单长卷, 吴雪平, 刘遵春. 2008. 水分胁迫对冬小麦水分生理特性和产量构成三因素的影响. 江苏农业学报, 24(1): 11-16.

盛琼. 2006. 近 45a 来我国蒸发皿蒸发量的变换及原因分析. 南京: 南京信息工程大学硕士学位论文.

孙芳, 杨修, 林而达, 等. 2005. 中国小麦对气候变化的敏感性和脆弱性研究. 中国农业科学, 38(4): 692-696.

王斌, 顾蕴倩, 刘雪, 等. 2012. 中国冬小麦种植区光热资源及其配比的时空演变特征分析. 中国农业科学, 45(2): 228-238.

王浩, 马艳明, 宁堂原, 等. 2006. 不同土壤类型对优质小麦品质及产量的影响. 石河子大学学报, 24(1): 75-79.

王宏, 陈阜, 石全红, 等. 2010. 近30a黄淮海农作区冬小麦单产潜力的影响因素分析. 农业工程学报, 26(1): 90-95.

王俊儒, 李生秀. 2000. 不同生育时期水分有限亏缺对冬小麦产量及其构成因素的影响. 西北植物学报, 20(2): 193-200.

王璞, 鲁来清. 2001. 灌水运筹对冬小麦粒重和产量的影响. 华北农学报, 16(3): 80-85.

王绍中, 季书勤, 刘发魁, 等. 1995. 小麦品质生态与品质区划研究: 生态因子与小麦品质的关系. 河南农业科学, 11: 2-6.

王卫光, 彭世彰, 孙风朝, 等. 2012. 气候变化下长江中下游水稻灌溉需水量时空变化特征. 水科学进展, 23(5): 656-664.

王旭东, 于振文, 樊广华, 等. 2000. 钾素对冬小麦品质和产量的影响. 山东农业科学, 5: 16-18.

王旭东, 于振文. 2003. 施磷对小麦产量和品质的影响. 山东农业科学, 6: 35-36.

文新亚, 陈阜. 2011. 基于 DSSAT 模型模拟气候变化对不同品种冬小麦产量潜力的影响. 农业工程学报, 27(2): 74-79.

武际, 郭熙盛, 王允青, 等. 2007. 不同土壤供钾水平下施钾对弱筋小麦产量和品质的调控效应. 麦类作物学报, 27(1): 102-106.

熊伟, 居辉, 许吟隆, 等. 2006. 气候变化下我国小麦产量变化区域模拟研究. 中国生态农业学报, 14(2): 164-167.

熊伟, 许吟隆, 林而达. 2005. 气候变化导致的冬小麦产量波动及应对措施模拟. 农业资源与环境科学, 121(5): 380-385.

许振柱, 于振文. 2003. 限量灌溉对冬小麦水分利用的影响. 干旱地区农业研究, 21(1): 6-10.

杨建莹, 梅旭荣, 刘勤, 等. 2011. 气候变化背景下冬小麦生育期的变化特征. 植物生态学报, 35(6): 623-631.

杨贤, 谷永利, 郝立生. 2012. 河北省农作物发育期降水量时空分布特征. 农业工程学报, 26(8): 124-129.

于振文, 岳寿松, 沈成国, 等. 1995. 高产低定额灌溉对冬小麦旗叶衰老的影响. 作物学报, 21(4): 503-508.

于振文, 张炜, 余松烈. 1996. 钾营养对冬小麦养分吸收分配、产量形成和品质的影响. 作物学报, 22(4): 442-447.

岳寿松, 于振文. 1994. 磷对冬小麦后期生长及产量的影响. 山东农业科学, 1: 13-15.

张国平. 1985. 钾素对小麦氮代谢与产量的影响. 浙江农业大学学报, 11(4): 463-472.

张建平, 赵艳霞, 王春乙, 等. 2006. 气候变化对我国华北地区冬小麦发育和产量的影响. 应用生态学报, 17(7): 1179-1184.

张胜爱, 马吉利, 崔爱珍, 等. 2006. 不同耕作方式对冬小麦产量及水分利用状况的影响. 中国农学通报, 22(1): 110-113.

张世熔, 黄元仿, 李保国, 等. 2003. 黄淮海冲积平原区土壤速效磷、钾的时空变异特征. 植物营养与肥料学报, 9(1): 3-8.

周忠新. 2006. 不同氮素水平下施磷对小麦产量和品质的影响及其生理基础. 泰安: 山东农业大学硕士学位论文.

左洪超, 吕世华, 胡隐樵. 2004. 中国近 50 年气温及降水量的变化趋势分析. 高原气象, 23(2): 238-244.

Chipanshi A C, Ripley E A, Lawford R G. 1997. Early prediction of spring wheat yield in Saskatchewan from current and historical weather data using the CERES–Wheat model. Agricultural and Forest Meteorology, 84(3): 223-232.

David B, Lobell J, Ivan O, et al. 2005. Analysis of wheat yield and climatic trends in Mexico. Field Crops Research, 94: 250-256.

Feng Z M, Liu D W, Zhang Y H. 2007. Water requirements and irrigation scheduling of spring maize using GIS and cropwat model in Beijing-Tianjin-Hebei Region. Chinese Geographical Science, 01(17): 56-63.

Gunter W, Marijn V D, Alberto A, et al. 2009. Estimating irrigation water requirements in Europe. Journal of Hydrology, 373: 527-544.

Kuo S F, Ho S S, Liu C W. 2006. Estimation irrigation water requirements with derived crop coefficients for upland and paddy crops in Chian an irrigation association, Taiwan. Agricultural Water Management, 82(3): 433-451.

Labharat C H, Nosberger J, Nelson C J. 1983. Photosynthesis and degree of polymerisation of fructan during reproductive growth of meadow fescue at two temperatures and two photon fluxes．Journal of Experimental Botany, 34: 1037-1046.

Lal M, Singh K K, Rathore L S, et al. 1998. Vulnerability of rice and wheat yields in NW India to future changes in climate. Agricultural and Forest Meteorology, 89: 101-114.

Lin E D, Xiong W, Ju H, et al. 2005. Climate change impacts on crop yield and quality with CO_2 fertilization in China . Phil Trans R Soc B, 360(1463): 2149-2154.

Lobell D B, Burke M B. 2010. On the use of statistical models to predict crop yield responses to climate change.　Agricultural and Forest Meteorology, 150(11): 1443-1452.

Luo Q Y, Bellotti W, Williams M, et al. 2005. Potential impact of climate change on wheat yield in South Australia. Agriculture and Forest Meteorology, 132: 273-285.

Mavromatis T, Jones P D. 1999. Evaluation of HadCM2 and direct use of daily GCM data in impact assessment studies. Climatic Change, 41: 583-614.

McKenney M S, Rosenberg N J. 1993. Sensitivity of some potential evapotranspiration estimate methods to climate change. Agric. Forest Meteorol, 64: 81-110.

Medhi D N, Baroova S R, Sharma A C, et al. 1995. Residual effect of integrated phosphorus management of rice on wheat. Annals of Agricultural Research, 16(4): 515-517.

Michael A P. 1983. Grain protein response to phosphorus nutrition of wheat. Agronomy Journal, 75(2): 303-305.

Muhuddin R A, Garry O L, David M, et al. 2007. Climate change impact on rainfed wheat in south-eastern Australia. Field Crops Research, 104: 139-147.

Pleban S, Israeli I. 1989. Improved approach to irrigation scheduling. Irrig. Drain. Eng. ASCE, 115(4): 577-587.

Richard G A, Luis S P, Dirk R, et al. 1998. Crop evapotranspiration guidelines for computing crop water requirements-Irrigation and Drainage Paper 56. Rome: Food and Agriculture Organization of the United: 152-223.

Rodríguez J A, Weatherhead E K, Knox J W, et al. 2007. Climate change impacts on irrigation water requirements in the Guadalquivir river basin in Spain. Regional Environmental Change, 07(3): 149-159.

Rosenzweig C, Tubiello F N. 1996. Effects of minimum and maximum temperature changes on wheat yields in the central U. S. : A simulation study. Agriculture and Forest Meteorology, 80: 215-230.

Senih Y, Hasan D, Dilruba T. 2002. Effects of Changes in Temperature and Rainfall on Bezostaya Winter Wheat Yields Using Simulation Model in Bursa Region-Turkey. ASAE/CIGR Annual International Meeting, 2002.

Silva C S, Weatherhead E K, Knox J W, et al. 2007. Predicting the impacts of climate change—A case study of paddy irrigation water requirements in Sri Lanka. Agricultural Water Management, 93(1-2): 19-29.

Song Y L, Chen D L, Dong W J, et al. 2006. Influence of climate on winter wheat productivity in different climate regions of China, 1961—2000. Climate Research, 32(3): 219-227.

Tubiello F N, Rosenzweig C, Volk T. 1995. Interactions of CO_2, temperature, and management practices: Simulations with a modified CERES-Wheat model. Agricultural Systems, 41: 43-71.

第六章 冬小麦实际蒸散量估算

第一节 实际蒸散量估算

粮食问题是影响人类生存发展的基本问题之一（崔读昌，2001；陈静彬和岳意定，2008）。我国是世界上人口最多的国家，我国的粮食安全不仅对于保障我国自身国民经济的可持续发展和社会的稳定具有重大的意义，同时，对于保障世界粮食安全和稳定世界粮食市场也具有举足轻重的作用（高占义和王浩，2008）。近年来，尽管我国粮食生产仍然保持增长势头，但增产趋势已渐转缓，粮食供需缺口将不可避免地增大（傅泽强等，2001）。特别是近年来随着人口剧增、耕地锐减和环境退化，粮食生产问题显得日益迫切，成为制约农业可持续发展的不稳定因素（谢云，1997；苏桂武和方修琦，2000；李忠佩等，2001）。

黄淮海平原是我国北方重要的粮食生产基地。黄淮海平原由黄河、淮河、海河三大河流及其支流共同冲积而成，土地面积占全国的 5.3%左右，总人口占全国总人口的 19.8%（郭淑敏等，2006）。黄淮海平原现有耕地 3.5 亿亩，约占全国的 19%。冬小麦—夏玉米周年轮作（一年两熟）是黄淮海平原最主要的种植模式，小麦和玉米产量分别占全国总产量的 70%和 30%左右（梅旭荣等，2013）。作为我国重要粮食主产区，黄淮海平原在我国粮食安全战略中的地位举足轻重（中国农业年鉴编辑委员会，2011）。

干旱缺水是困扰农业发展的世界性问题。世界旱地面积大约占全球陆地面积的 41%，因缺水和灌溉成本上升，全球 14.4 亿 hm^2 耕地中，旱作耕地面积约占 84%，有灌溉条件的耕地只有 16%（ICARDA，2010）。全世界每年由于干旱缺水导致的农业生产损失超过其他因素造成损失的总和。随着工业化进程的加快和社会经济的快速发展，全球农业用水日趋紧张，严重制约着粮食增产乃至社会经济发展，引发了一系列环境与生态问题，这对可持续发展农业提出了严峻的考验。未来气候变化情势预期将进一步恶化，如何合理规划利用有限的水资源，提高水分利用效率，已成为社会各界高度关注的问题。国际农业研究磋商组织 2003 年启动了国际合作重大研究计划——水和粮食挑战计划（Challenge Program on Water and Food），其中，"提高作物水生产效率"和"国家水与粮食系统"是两个重要研究主题。欧盟在 2005 年也推出了"提高地中海地区农业水分利用效率"项目。联合国教育、科学及文化组织在 2012 年 3 月发布的第四期 *World Water Development Report* 中，呼吁提高旱作农业和灌溉农业用水效率，保持粮食产量的持续增长。联合国粮食及农业组织在 2011 年 6 月发布的 *Climate Change，Water and Food Security* 报告中，强调要高度重视农业水资源的高效利用问题。

我国是一个水资源短缺、水旱灾害频繁发生的国家。根据 2011 年我国统计年鉴数据资料，我国人均水资源占有量仅有 2063.6 m^3，仅相当于世界人均占有量的 1/4，单位耕地面积水资源量大约 1440 m^3，不足世界平均水平的 70%。目前，我国每年约有 3600 亿 m^3 水资源用于农业灌溉。我国现有 18 亿多亩耕地，其中 10.1 亿亩耕地作物用水主要靠天然降水，为旱作农业耕地。我国每年农业缺水量 300 亿~500 亿 m^3，严重制约我国农业可持续发展。近 10 多年来，我国经济发展速度加快，全国总用水量不断增加，2010 年用水总量已达 6022.0 亿 m^3，比过去 10 年的平均值增加了 5.86%，但是农业用水占总用水量的比例却由 2000 年的 68.8%下降到 2011 年的 61.3%，而且未来农业用水量不可能增加，甚至是负增长，这将导致农业水资源的供需矛盾进一步加大。近年来工业化、城镇化步伐加快，人民生活水平不断提高，生活和工业用水逐年增加，工业和城镇用水挤占农业用水的现象将日趋严重，预计到 2030 年人口高峰时，保障国家粮食安全所需要的农业水资源将短缺 1200 亿 m^3 左右。同时，近年来粮食主产区向水资源相对匮乏、生态相对脆弱的北方地区转移，水土资源不协调、水资源短缺对农业生产的影响日益显现（杨贵羽等，2010），干旱缺水已成为制约我国农业可持续发展的瓶颈问题（信乃诠，2002）。近年来，在全球气候变化的背景下，我国降水总量少、空间分布不均匀、年际波动大等特点更加突出。据统计，我国降水总量的 80%以上集中在长江以南，然而我国有 60%以上的耕地集中在北方，且大部分耕地处于年降水 400 mm 以下地区，约有 70%降水集中于汛期的6~9 月。随着近年来我国粮食主产区的北移，单位耕地面积水资源量将进一步减少，水资源短缺加剧。

黄淮海地区作为我国北方重要的粮食生产基地，因水资源匮乏、降水量时空分布极不平衡、降水与作物需求不匹配等问题，成为我国水资源供需矛盾最突出的地区。20 世纪 70 年代，黄淮海地区地下水位在地表以下 10 m，而至 2001 年水位已下降到地表以下 32 m（Zhang et al.，2003），近年来黄淮海地下水位以每年 1 m的速度下降（Zhang et al.，2005），已形成大面积地下水漏斗。据相关分析，黄淮海地区降水量的 55%以上转化为土壤水资源（刘昌明，2004），大部分地区土壤供水量占冬小麦全生育期需水量的 50%~70%，夏玉米全生育期需水量的 80%（沈振荣和苏人琼，1998）。保证黄淮海平原粮食产量的同时，缓解农业水资源危机迫在眉睫。然而，盲目减少灌溉用水量必然导致地区粮食产量的下降，威胁我国粮食安全。因此，如何高效用水，在保障农业生产的前提下，大幅度减少农业用水量，实现高产与节水的协同，是解决目前黄淮海平原农业水资源短缺、维持粮食高产稳产的关键（梅旭荣等，2013）。

一、作物信息提取方法

作物种植面积及其空间分异特征是研究区域农业产出，评估农业资源生产能力与人口承载力的重要依据（郝卫平等，2011）。及时、准确获得区域范围农作物地面种植信息和空间特征，对准确估算、预测作物产量，优化农业生产管理、合理规划作物布局具有重要意义（许文波和田亦陈，2005）。及时掌握作物种类和空间分布等信息，依据科学理论与科学技术，合理调整，规划布局，不仅能提高当地农民的经济效益，更有利于区域农业资源整合与利用，有利于优化发展区域农业（张健康等，2012）。

传统获取农作物信息的方式主要是基于实地调研测量、人工统计和逐层上报。在较小区域内，该方法简单易行，且信息及时。但是，在大范围的作物信息上，该方法误差较大，提取困难，不仅耗时耗力，而且该方法时效性较差，信息准确度也无法得到保证（孙颔和石玉林，2003）。20 世纪 60 年代，随着遥感技术的发展，大范围农作物信息的提取得到了新的发展（孙九林，1996）。遥感技术是一种地球信息科学的前沿技术，其特点是客观性、连续性和及时性。将遥感技术运用到作物信息提取中，是遥感科学在农业领域应用的重要内容。基于遥感技术的作物种植信息的提取，本质是遥感分类（classification）。遥感影像上，作物种类不同，光谱特性和纹理特征不同，遥感分类即是基于此原理，区分作物类别，从而监测作物种植信息和空间分布格局。

目前，遥感分类的技术和方法很多，一般采用计算机自动分类，其中监督分类和非监督分类是最基本和最常见的分类方法。近些年，一些更为成熟的方法和算法也逐渐发展起来，如人工神经网络分类法（ANNC）、支持向量基分类法（SVM）、模糊分类法、决策树方法和专家系统方法，等等。这些方法针对不同的数据源，因此，需要根据所选数据源的类型和特点，来确定适当的分类方法（陈佑启和杨鹏，2001；张秀英等，2008）。

过去的几十年来，土地利用/覆盖（land use/land cover，LULC）制图技术在大区域尺度（Friedl et al.，2002；Homer et al.，2004；Bartholome and Belward，2005）取得了长足进步。标准化植被指数（normalized difference vegetation index，NDVI）被广泛应用于作物信息分类、生长状况评估和布局评价上，是利用遥感原理提取作物信息常用指标之一。标准化植被指数的高分辨率影像产品，如 Quick Bird、SPOT、IKONOS 等常被应用于农业信息分类、动态变化监测研究中。许多学者采用了 LandsatTM/ETM+，SPOT HRV 等高空间分辨率的遥感数据对地面作物信息进行提取，然而这些高分辨率数据产品价格高昂、时间分辨率不高，影像覆盖范围也相对较小，一般只适用于较小空间尺度的作物信息提取研究（Wardlow and Egbert，2008）。一些学者尝试采用 NOAA AVHRR 遥感影像进行大区域尺度作物信息提取（Moulin，1997；Tomita et al.，2000），该遥感数据具有空间分辨率低、时间分辨率高的特点,对于地形较复杂区域,地面信息提取的准确程度无法保证。MODIS 数据在一定程度上解决了遥感影像产品在时间与空间分辨率方面的矛盾,其 MODIS-EVI/NDVI 波段空间分辨率为 250 m,每天昼间过顶 1 次,能够实时、动态监测较大区域尺度上地面农作物信息(Justice and Townshend,2002;Wardlow et al.,2006,2007)。Toshihiro 等(2006)利用 MODIS-EVI 时间序列遥感数据产品根据水稻长势信息研究了水稻物候特征。Wataru(2004)则利用 EVI 波段来监测湿地和水田的动态变化。国内一些学者也利用 MODIS-EVI/NDVI 产品进行了相关研究。例如,在作物面积提取方面,郑长春等(2009)借助 MODIS 遥感数据,对浙江省水稻播种面积信息进行了提取;许文波等(2007)则基于 MODIS 影像数据,提取了河南省冬小麦种植面积;熊勤学和黄敬峰(2009)利用 MODIS NDVI 数据,研究了湖北省江陵县秋收作物种植面积。在种植模式信息提取方面,张霞等(2008)利用 MODIS-EVI 遥感影像数据,提取了华北平原的种植模式信息;左丽君等(2008,2009)对我国北方耕地复种指数进行了研究。吕婷婷和刘闯(2010)利用该产品对泰国耕地面积进行了提取,闫惠敏等(2008)利用 MODIC/EVI 影像产品,研究了鄱阳湖农业区多熟种植格局。遥感技术的应用为大范围、低成本、高精度提取农业信息提供了新的思路。

目前,国际上通常采用遥感和地面调查数据相结合的方法,进行大区域尺度作物种植面积与空间分异特征研究。而我国结合地面调查数据,利用遥感技术对大区域尺度作物分布信息提取方面的研究还相对薄弱。郝卫平等(2011)利用地面调查数据与遥感 NDVI 影像耦合方法提取了东部三省作物信息,张健康等(2012)利用该方法研究了黑龙港地区多种作物的种植分布。然而,上述研究只针对同一时间段内的作物分布信息提取,而对于一年两熟、两年三熟等轮作制度下,大区域尺度多作物分布信息提取存在困难。已知某类作物的 NDVI 指数变化特征,借助决策树算法,能够利用较少的地面调查信息对遥感影像进行半自动化识别分类。大区域尺度上,不同种类的作物空间上和时间上生长情况的提取,实现轮作制度下作物信息的剥离及耦合,是大面积作物分布信息监测研究的重点和难点。

二、蒸散量估算方法

蒸散(evapotranspiration,ET),包括土面蒸发和植物蒸腾,是植物-土壤-大气连续体中水分和能量交换的主要过程(Priestley and Taylor,1972),同时也是水分循环中最重要的分量之一,涉及土壤、植被和大气以及气候密切相关的多种复杂物理过程。人类研究蒸散的历史已久。从 20 世纪,Penman 公式的建立为计算潜在蒸散发奠定了基础,之后的 Penman-Monteith 公式,用于估算非饱和面蒸发。为了更好地模拟和估算蒸散量,学者们研发了多种基于微气象学、植物生理的土壤-植被-大气传输模型。为了得到更加真实准确的蒸散发值,以"点"为基础的实测方法逐渐发展起来,如器测法(Yunusa et al.,2004)、波文比-能量平衡法(Brotzge and Crawford,2003)、田间水量平衡法(Brotzge and Crawford,2003)、涡度相关法(Baldoechi et al.,2001)等。研究表明,蒸散与光、温、水等条件密切相关,其时空分布特征受当地水文条件、土壤水分状况、植被覆盖、气候条件等因素影响而相互制约。传统蒸散发的估算方法和实测方法大多受研究区域的限制。较大空间尺度条件下地表特征和水热传输并非均匀,因此,对于大区域尺度蒸散量估算,传统方法难以实现。

遥感技术的迅猛发展,使大区域尺度的蒸散量估算成为可能。区域尺度下的地表辐射和温度状况,为地表蒸散研究提供了大量土壤-植被-大气系统的能量传导信息。遥感影像数据资料通过对多种下垫面特征参数(地表温度、地表植被覆盖等)的反演,估算地表蒸散发,从而反映出土壤-植被-大气连续体水分状况。能量平衡原理是利用遥感估算地表蒸散量的理论基础,即太阳辐射作为地表主要的能量来源,经大气衰减到达地表的净辐射量主要分配到 3 个部分,即土壤热通量(用于下垫面升温)、显热通量(用于大气升温)、潜热通量(用于水分的蒸发凝结),另外还有一小部用于生物量的增加(李守波和赵传燕,2006)。

目前,区域尺度蒸散量估算大致可分为三类:统计经验法、能量平衡余项法和数值模型。

(一)统计经验法

植被指数和地表温度能够反映区域尺度条件下地表的水分条件和植被生长状况(Prater and Delucia,2006)。统计经验法,即利用遥感技术对地表参数进行反演,以植被指数(NDVI 或 EVI)、地表温度(T_s)或地表温度与大气温度(T_a)的差值与地面观测的潜热通量作为因变量建立回归经验方程,从而估算区域尺度下地表蒸散发的经验方法。

20 世纪 70 年代,Jackson 等(1977)和 Idso 等(1977)简化了能量平衡方程,利用地表温度对农田蒸散量进行了估算。Seguin 和 Itier(1983)引入植被指数,改进了该方程,并基于此方程估算出区域日蒸散量。由于该方法计算简便、参数较少,因此应用广泛(田国良,1989;陈鸣和潘之棣,1994;Sanchez et al.,2007)。但在植被并非完全覆盖的区域,或者多云的天气状况下,该方法估算精度不高,误差较大(Carlson et al.,1995)。之后,有学者研究发现,地表温度(T_s)与植被指数(NDVI)生成的散点图往往呈三角分布。基于此研究结果,Lambin 和 Ehrlich(1996)开发出梯形法用来估算地表蒸散。Batra 等(2006)利用 DNVI-T_s 法研究分析了美国南方平原区的潜热通量。利用 DNVI-T_s 方法估算具有部分植被覆盖的地表蒸散相对准确,然而,如果天气条件较差(阴天、多云等),由于地表参数较难反演获得,因此此方法应用受到限制。总体来说,统计经验法的优点在于计算相对简便，参数较少，但由于地表蒸散与地形状况、下垫面特征、土壤水分条件、植被生长状况等非线性相关，从而具有较大的局限性（王万同，2011）。

（二）能量平衡余项法

能量平衡余项法是在地表能量平衡的基础上发展起来的一种地表蒸散量估算方法，通过计算净辐射通量（R_n）、土壤热通量（G）、显热通量（H）来推算潜热通量（LE）和蒸散量（ET）。基于能量平衡余项法衍生出的蒸散模型包括单层模型和双层模型。

单层模型假设认为植被和土壤是单一的混合层，且该混合层的表面温度均匀，与外界空气进行着动量、热量和水汽的相互交换（Zhang et al.，1995）。模型的重点是显热通量（H）的计算（Schmugge et al.，2002）。Bastiaanssen 等（1998，2000）研发的陆面能量平衡算法（surface energy balance algorithm for land，SEBAL）是基于此原理衍生的单层模型。该模型通过利用遥感影像数据，对地表反照率、NDVI、地表比辐射率、地表温度等参数进行反演，结合少量气象参数（如大气温度、风速和大气透过率等），计算得到净辐射通量、土壤热通量和感热通量，从而计算出潜热通量。众多研究表明，SEBAL 模型是较为有效和实用的蒸散量估算模型。SEBAL 模型通过选择遥感影像上的"冷点"和"热点"求解上述线性关系中的初始值 a 和 b。其中"冷点"是指植被覆盖度高、地表温度低的像元，"热点"是指植被覆盖度低、地表温度高的像元。利用初始 a 和 b 值求解感热通量。用初始日值计算 Monin-Obukhov 长度，并进行大气稳定修正。通过修正得到的新的空气动力学阻抗后，重新取冷热点对应的空气动力学阻抗值，确定线性回归系数 a 和 b。重复上述过程，迭代至空气动力学阻抗及 a 和 b 均趋于稳定。SEBAL 模型将遥感影像资料反演的地表参数与气象数据相结合，计算得到区域地表蒸散发，理论基础扎实，应用广泛，估算精度较高，在地表覆盖均匀条件下，蒸散量的估算精度可达 85%以上（Bastiaanssen et al.，1998，2000，2005；Tasumi and Allen，2007），SEBAL 模型标志着遥感技术用于区域地表蒸散估算已进入应用阶段，被广泛应用于不同气候条件下的国家和地区（潘志强和刘高焕，2003；辛晓洲等，2003；Allen et al.，2005；Bastiaanssen and Harshadeep，2005），并且均取得了满意的估算结果。

双层模型的概念最早被 Shuttleworth 和 Gurney（1990）提出，双层模型考虑了地表在有植被覆盖的情况下，分别估算土壤蒸发和植物蒸腾两个部分内容。之后，Norman 等（1995）对其进行了改进，研发了独立平行双层模型。该模型假设土壤热通量和植被冠层通量互相平等，能分别与大气进行湍流交换，各组分的通量之和即为总通量。另外，有一种双层模型被称为"斑块"模型，认为土壤是完全裸露的，植被则是被镶嵌在地表，两者之间不存在耦合关系，总通量为各组分通量的面积权重之和（Blyth and Harding，1995；何玲等，2007）。但实际上，"斑块"模型的假设难以成立。在植被覆盖区域，土壤和植被间往往存在强烈的水分、能量交换。张仁华等（2002，2004）提出了区域尺度上的地表通量定量遥感双层模型。该模型提出了混合像元组分排序对比法（pixel component arranging and comparing algorithm，PCACA）、理论定位算法以及二层分层能量切割算法，提高了干线和湿线的定位可靠性。双层模型由于充分考虑了土壤和植被之间的关系，因而更接近真实地表-大气间能量与水分交换过程。但由于计算过程烦琐，且各种阻抗计算通常建立在经验基础上，具有明显的局限性。

（三）数值模型

简单的经验方程往往受到许多假定条件的制约，无法满足多条件下的使用需求，因此一些学者开发出估算地表蒸散量的数值模型，如 TSEB（two source energy balance model）模型（Norman et al.，1995）、TSTIM（two source time integrated model）模型（Anderson et al.，1997）。数值模型将已发展成熟的土壤-植被-大气传输模拟模型与遥感数据耦合，为遥感空间数据的综合利用提供了一条新的途径，遥感反演数据往往在一定程度上也提高了模型的精度。该方法需要大量参数，有些参数难以大范围获取，如土壤参数、连续变化的气象要素等，造成模型与遥感数据的耦合技术在实际应用上存在诸多问题（徐同仁等，2009）。

（本节作者：梅旭荣 严昌荣 杨建莹）

第二节 数据来源与方法

一、气象资料

本研究采用的历史气象数据为中国气象科学数据共享服务网（http://cdc.cma.gov.cn/）所提供的中国地面气候资料日值数据集。从黄淮海平原筛选出 40 个具有 1961~2012 年完整观测序列的气象站点作为分析对象，数据内容主要为站点逐日最高气温（℃）、最低气温（℃）、平均气温（℃）、降水量（mm）、相对湿度（%）、日照时数（h）、风速（m·s^{-1}）等（图 6-1），根据联合国粮食及农业组织推荐的风廓线关系（Allen et al.，1998），10 m 高度的风速转化为 2 m 高度的相应数值。

二、地面调查数据

参照黄淮海平原行政区划及地形图设计地面调研路线，相关人员分别在 2010 年、2011 年两次赴黄淮海平原 7 省（直辖市）进行地面数据调研（图 6-2），利用

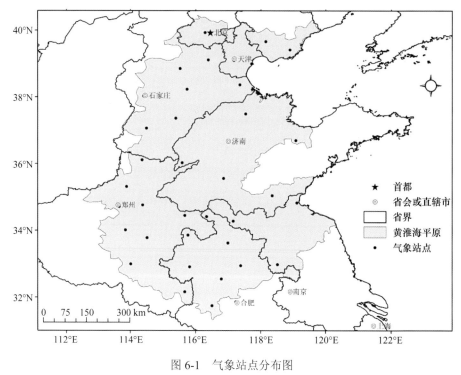

图 6-1　气象站点分布图

Figure 6-1　Locations of meteorological stations in the Huang-Huai-Hai Plain

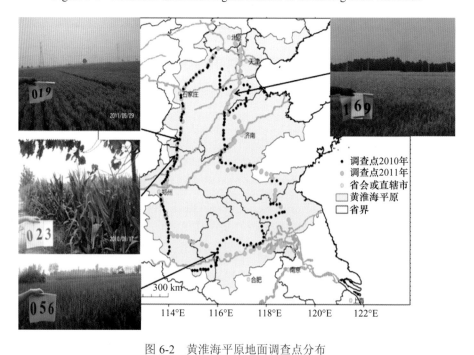

图 6-2　黄淮海平原地面调查点分布

Figure 6-2　Locations of the groundtruth data across the Huang-Huai-Hai Plain

GPS 定位系统得到各个调研点的地理坐标数据。地面调研获得的数据信息主要有：地表植被覆盖类型（耕地、林地、居民点、水体等）、种植制度（一年一熟、一年两熟、两年三熟等）、作物种植密度（20%、40%、60%等）、作物生长阶段（播种期、拔节期、抽穗期、成熟期等）、灌溉规模（大型、小型）、植被生长状况（良好、一般、较差）等。每个调研样本的面积为 90 m×90 m，东、南、西、北 4 个方向综合调研取样，每隔 10~20 km 取一次调研样本（郝卫平等，2011），最后 2010 年、2011 年两次赴黄淮海平原共完成有效地面调查点176 个，其中冬小麦—夏玉米调查点 113 个，冬小麦—夏大豆调查点 22 个，冬小麦—水稻调查点 14 个，蔬菜类调查点 15 个，其他类（棉花、花生、果树）调查点 12 个。

三、遥感影像

（一）MODIS 产品介绍

本节用于 SEBAL 模型的 MODIS 产品主要包括 MOD11A1、MOD13A2 和MCD43B3 产品。MOD11 产品为陆地 2、3 级标准数据产品，内容为地表温度和辐射率，Lambert 投影，空间分辨率 1 km，地理坐标为 30 s，每日数据为 2级数据，每旬、每月数据合成为 3 级数据；MOD13 产品为陆地 2 级标准数据产品，内容为栅格的归一化植被指数和增强型植被指数（NDVI/EVI），空间分辨率 250 m；MCD43 产品为陆地 3 级标准数据产品，内容为表面反射，BRDF/Albedo 参数，空间分辨率 1 km，日、旬、月度数据。表 6-1 为 MODIS 产品的基本信息。

表 6-1　MODIS 产品的基本信息
Table 6-1　Detailed information for MODIS products

产品名称 MODIS information	地表特征参数 Land-surface parameters	时间分辨率 Temporal resolution	空间分辨率 Spatial resolution
MOD11A1	地表温度、地表比辐射率	1 d	1 km
MOD13A2	归一化比值植被指数	16 d	1 km
MCD43B3	地表反照率	16 d	1 km

所用 MODIS 产品的轨道序列编号为 h26v4、h26v5、h27v4、h27v5、h28v5，如图 6-3 所示。

（二）MODIS 影像的预处理工作

MODIS 产品的原始存储类型为 HDF 数据类型，经过数据格式转换、轨道拼接、裁剪、投影转换等预处理程序，得到具有 WGS-1984 坐标系统的 Tiff 类型文件。以 MOD43B3 产品 2011161 天为例，步骤如图 6-4 所示。

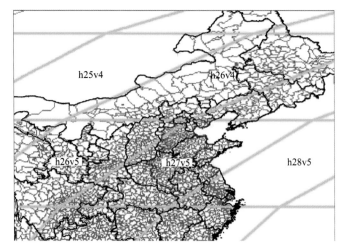

图 6-3　遥感影像轨道分布示意图

Figure 6-3　Locations of remote sensing track number in the Huang-Huai-Hai Plain

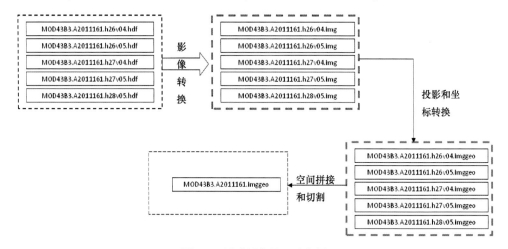

图 6-4　遥感影像处理流程图

Figure 6-4　Processing flow chart of remote sensing image

四、地理数据

地理高程数据来自于美国地质勘探局（USGS）生产的全球 30 s 数字高程模型（GTOPO30），空间分辨率为 30″（约 1 km）（图 6-5）。

黄淮海地区二级分区来源于刘巽浩和陈阜（2003）《中国农作制》，根据土地类型和农作制度，将黄淮海平原分为 6 个类型区 7 个亚区，如图 6-6 所示，6 个类型区分别为环渤海山东半岛滨海外向型二熟农渔区（1 区和 7 区，北部部分为 1 区，南部部分为 7 区）；燕山太行山山前平原水浇地二熟区（2 区）；海河低平原缺

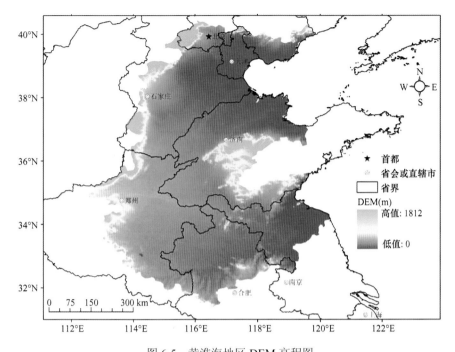

图 6-5　黄淮海地区 DEM 高程图

Figure 6-5　The DEM map in the Huang-Huai-Hai Plain

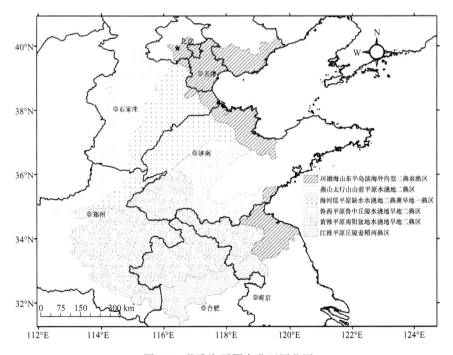

图 6-6　黄淮海平原农业亚区分区

Figure 6-6　Location of the six agricultural sub-regions in the Huang-Huai-Hai Plain

水水浇地二熟兼旱地一熟区（3 区）；鲁西平原鲁中丘陵水浇地旱地二熟区（4 区）；黄淮平原南阳盆地水浇地旱地二熟区（5 区）和江淮平原丘陵麦稻两熟区（6 区）。

五、生育期数据

生育期数据来源于农气站点，主要包括冬小麦播种期、返青期、拔节期、抽穗期和成熟期，表 6-2 为黄淮海平原各农业亚区冬小麦生育期的详细信息。

表 6-2　农业亚区作物生育期信息

Table 6-2　Detailed information of crop growth stages for sub-zones in the Huang-Huai-Hai Plain

农业亚区 Agriculture sub-zones	冬小麦 Winter wheat	
	播种期 Sowing date	成熟期 Maturity date
环渤海山东半岛滨海外向型二熟农渔区（北） Coastal land-farming-fishing area（north part）	10 月 1 日	翌年 6 月 15 日
环渤海山东半岛滨海外向型二熟农渔区（南） Coastal land-farming-fishing area（south part）	10 月 18 日	翌年 6 月 5 日
燕山太行山山前平原水浇地二熟区 Piedmont plain-irrigable land	10 月 7 日	翌年 6 月 7 日
海河低平原缺水水浇地二熟兼旱地一熟区 Low plain-hydropenia irrigable land and dry land	10 月 10 日	翌年 6 月 7 日
鲁西平原鲁中丘陵水浇地旱地二熟区 Hill-irrigable land and dry land	10 月 7 日	翌年 6 月 8 日
黄淮平原南阳盆地水浇地旱地二熟区 Basin-irrigable land and dry land	10 月 16 日	翌年 6 月 3 日
江淮平原丘陵麦稻两熟区 Hill-wet hot paddy-paddy field	10 月 27 日	翌年 5 月 25 日

六、基于 SEBAL 模型的实际蒸散量估算

SEBAL 模型是由荷兰 DLO Starting Center 主导研发的蒸散量反演模型，它利用遥感影像数据资料，具有坚实的理论基础，且参数较少。SEBAL 模型的基本原理是地表能量平衡方程：

$$R_n = G + H + \lambda \text{ET} \tag{6-1}$$

式中，R_n 为净辐射量；G 为土壤热通量；H 为土壤与大气之间的显热通量；λET 为潜热通量，用于蒸散。R_n、G、H、λET 的单位均为 W·m^{-2}；水的汽化潜热 λ 与蒸散速率 ET 的单位分别是 J·kg^{-1} 和 $\text{kg·m}^{-2}\text{·s}^{-1}$。SEBAL 模型的基本流程如图 6-7 所示。利用 MODIS 产品和气象数据获取植被指数、地表温度等地表参数；然后

利用地表参数估算净辐射量、土壤热通量与感热通量；最后由能量剩余法得到用于蒸散的潜热通量，并通过时间尺度扩展得到日蒸散量。

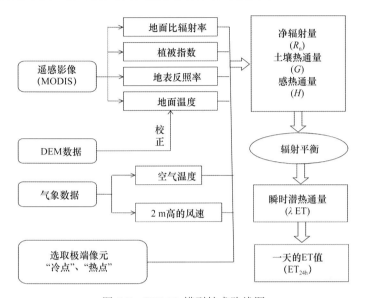

图 6-7 SEBAL 模型技术路线图

Figure 6-7 Technology roadmap of the SEBAL model

地表能量平衡分量的计算如下所述。

（1）净辐射量 R_n：

地表净辐射量的表达式为

$$R_n = (1-\alpha)R_S\downarrow + R_L\downarrow - R_L\uparrow - (1-\varepsilon)R_L\downarrow \qquad (6\text{-}2)$$

$$R_S\downarrow = G_{sc}\times\cos(\theta)\times\tau_{sw}/dr^2$$

$$R_L\downarrow = \varepsilon_a\sigma T_a^4$$

$$R_L\uparrow = \varepsilon\sigma T_a^4$$

$$\varepsilon_a = 1.08(-\ln\tau_{sw})^{0.265}$$

$$T_a = 16.0110 + 0.92621T_{air}$$

式中，α 为散射率，$R_S\downarrow$ 是下行到达地表的太阳短波辐射，$R_L\downarrow$ 是下行的长波辐射，$R_L\uparrow$ 是上行的长波辐射，单位均为 $W\cdot m^{-2}$；G_{sc} 是太阳常数；θ 是太阳天顶角（°）；τ_{sw} 是大气单向透射率；dr 是日地距离（天文单位）；σ 是 Stefan-Boltzmann 常数；ε_a 是大气比辐射率；T_a 是垂直大气层的平均作用温度（K）；T_{air} 是由气象站点测得的贴地层的常规日平均气温（K）。

（2）土壤热通量 G：

土壤热通量可通过与 T_s、R_n、α、NDVI 有关的经验公式得到。

$$G = \frac{T_s - 273.16}{\alpha} \times \left[0.0032 \times \frac{\alpha}{c_{11}} + 0.0062 \times (\frac{\alpha}{c_{11}})^2 \right] \times (1 - 0.978 \mathrm{NDVI}^4) \times R_n \quad (6\text{-}3)$$

式中，T_s 是地表温度，α 为散射率，c_{11} 是跟卫星过境有关的一个参数，一般取 0.9。

（3）感热通量 H：

感热通量是指由于传导和对流作用散失到大气中的那部分能量。

$$H = \frac{\rho_{air} C_P \mathrm{dT}}{r_{ah}} \quad (6\text{-}4)$$

式中，ρ_{air} 是空气密度（kg·m^{-3}）；C_P 是空气定压比热（取 1004J·kg^{-1}·K^{-1}）；dT 是高 Z_1 和 Z_2 处的温差（一般 Z_1 取 0.01m，Z_2 取 2 m）；r_{ah} 是空气动力学阻抗（s·m^{-1}）。

为了求得 dT，认为它与地表温度满足线性关系 $\mathrm{dT} = aT_s + b$。计算 a、b 时需要从影像中选取"冷热"像元。"热点"，是指地表温度很高，蒸散量几乎为零的像元，可以选择没有植被覆盖的、干燥的闲置旱地或盐碱地，"热点"满足 $H \approx R_n - G$，$\lambda \mathrm{ET} \approx 0$。"冷点"，是指影像中水分供应充足、植被生长茂盛、地表温度很低、处于潜在蒸散水平的像元，可以选择植被长势良好并完全覆盖的区域或开放水体，"冷点"满足 $\lambda \mathrm{ET} \approx R_n - G$。通过计算"热点"和"冷点"的 dT，就可以得到所有像元的 dT 值。

由于近地层大气并非稳定，因此，SEBAL 模型中引入了 Monin-Obukhov 定律，通过多次迭代修正空气动力学阻抗，直到得到稳定的 H 值，计算步骤如图 6-8 所示。

（4）潜热通量 $\lambda \mathrm{ET}$：

通过计算得到了 R_n、G、H，代入能量平衡方程，即可得到潜热通量 $\lambda \mathrm{ET}$。

地表能量平衡分量的计算：

计算日蒸散量时引入蒸发比 Λ 的概念，认为 Λ 在一天当中的值保持不变。因此，通过蒸发比恒定法可以外推日蒸散量。

$$\Lambda = \frac{R_n - G - H}{R_n - G} = \frac{\lambda \mathrm{ET}}{R_n - G} = \Lambda_d = \frac{\lambda \mathrm{ET}_d}{R_{nd} - G_d} = \frac{\lambda \mathrm{ET}_d}{R_{nd}} \quad (6\text{-}5)$$

式中，R_n 是日净辐射量；$\lambda \mathrm{ET}_d$ 是日潜热通量；Λ_d 是蒸发比；G 是土壤热通量，因为白天热量从地表向土壤传输，土壤热通量取正值，晚上则相反，二者数量相当，计算日蒸散量时日土壤热通量可以忽略不计。

由式（6-5）可以得出：

$$\mathrm{ET}_d = \Lambda_d \times R_{nd} / \lambda \quad (6\text{-}6)$$

式中，ET_d 是日蒸散量（kg·m^{-2}·s^{-1}），但 ET_d 通常以 mm·d^{-1} 为单位，根据水的密度可知 mm·d^{-1} 等于 kg·m^{-2}·d^{-1}，与式（6-6）中 ET_d 的单位只是时间单位不同。若

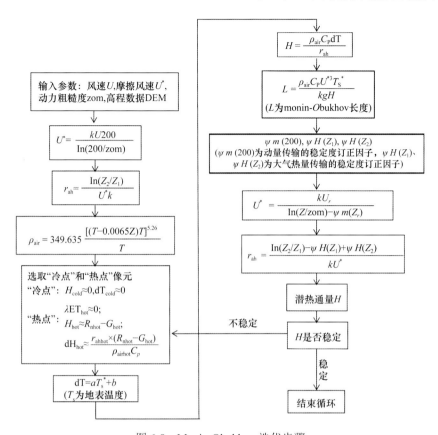

图 6-8　Monin-Obukhov 迭代步骤

Figure 6-8　Iterative step of Monin-Obukhov

将 λ 改用 MJ·kg^{-1}，则：

$$ET_d = 86400 \times 10^{-6} \times \Lambda_d \times R_{nd} \times \lambda^{-1} = 0.0864 \times \Lambda_d \times R_{nd} \times \lambda^{-1}$$

式中，ET_d 是日蒸散量（mm·d^{-1}）；λ 取 2.45 MJ·kg^{-1}。

（本节作者：杨建莹　严昌荣　梅旭荣）

第三节　冬小麦种植分布信息提取

一、作物生长的光谱信息数据库构建

标准化植被指数（normalized difference vegetation index，NDVI）也称为归一化植被指数或绿色指数。NDVI 值的高低与植被生长状况呈显著线性关系，能反映植物生长状况以及植被空间疏密程度。地球卫星探测得到的红色和近红外波段经过非线性转换，通过计算得到 NDVI。植物叶绿素能有效吸收近红外波段，因此，NDVI 能很好地反映出植被覆盖率和单位面积生物量。根据野外调研数据点信息，得到不同作物的生长信息，即 NDVI 遥感影像中所对应取样点的 NDVI 值，应用 ERDAS 9.2 工具包中的 Interpretater-Utilities-LayerStack 工具，叠加压缩 2010~2011 年 24 组 MODIS-NDVI 影像数据，获得一组包含 24 个波段的 MODIS-NDVI 时间序列影像数据。对不同作物解译点对应的 NDVI 特征值进行判读，提取得到冬小麦—夏玉米、小麦—大豆、小麦—蔬菜、蔬菜、小麦—水稻的生长趋势曲线，如图 6-9 所示。由黄淮海地区冬小麦—夏玉米轮作光谱曲线可以看出，整个区域冬小麦—夏玉米轮作的 NDVI 值一般处于 0.3~0.8。从 2010 年第 161 天至 2010 年 273 天，为黄淮海区域夏玉米的种植时段，NDVI 值在第 209~241 天达到最大值，为 0.7~0.8，之后逐渐降低，至第 273 天 NDVI 达到此阶段最小值约 0.3。整个区域平均从第 273 天开始至翌年（2011 年）的 161 d 为冬小麦种植时段。冬小麦生长季 NDVI 一般在 0.3~0.65，峰值处于第二年的第 97 天至第 129 天，达到 0.6 以上，是冬小麦的平均成熟日期，之后 NDVI 值逐渐降低。

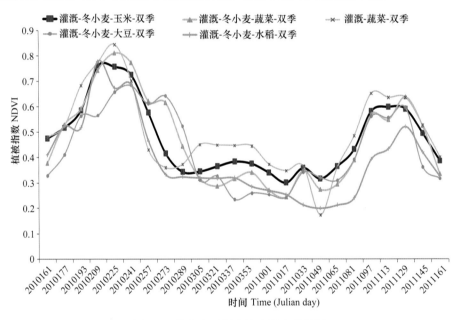

图 6-9　黄淮海平原作物生长光谱特征

Figure 6-9　Spectral signature of typical corps in the Huang-Huai-Hai Plain

二、非监督分类与光谱耦合技术

由于人力物力的限制，地面调查点数据的采集整理工作通常较难对大区域尺度内调查样点形成完整的时序数据集，很难提供足够的地面信息。因此本研究引入 ISODATA 聚类分析，对具有完整时间序列的宏影像数据进行分类。ISODATA 聚类分析采用各个调研样本的迭代平均值，计算出聚类的中心，类别数目一定，通过改变分类，使样本平均矢量之差最小（郝卫平等，2011）。ISODATA 算法将相似光谱曲线特征的像元合并为一类，形成若干类具有相同特征的像元集合，并统计生成不同类的光谱特征矩阵，有效地减小了分类误差（李天平等，2008）。

为减轻黄淮海平原作物轮作信息识别的工作量，首先是借助土地利用现状数据做"掩膜"，提取周年 MODIS NDVI 数据，以去除非耕地信息，然后借助ERDAS 软件中的 ISODATA 非监督分类算法将提取的 NDVI 结果分成 10 类，得到不同作物种类的植被指数曲线。由获取的地面调研点数据资料提取相应的NDVI 值，生成主要作物种类的 NDVI 特征曲线。借助光谱耦合技术（spectral matching technique，SMT）将非监督分类生成的未知的 50 类 NDVI 曲线特征与已知的地面调研点数据资料提取生成主要作物种类的 NDVI 变化特征曲线特征进行相似度分析和匹配（郝卫平等，2011），确定该 10 类作物种类的初步命名。分析比较后可知，第 4、5、6、7、8、9 类与"灌溉—冬小麦—夏玉米—双季"呈现高度相关，第 3 类与"灌溉—冬小麦—大豆—双季"呈现高度相关，第 10类与地面数据调查得到的"灌溉—冬小麦—水稻—双季"表现出较强相关性，第1 类则与"灌溉—蔬菜类—双季"表现出高度相关，相关系数都在 0.79 以上。

利用谷歌地球和得到的各类 NDVI 光谱曲线特征，通过人机交互识别的方式，判定判别矩阵中的作物种类，每一类别选取 15~20 个均匀分布的辨识点。在完成对样点进行初次命名后，继续对各个鉴定类进行第二次定义和命名。混合类是类的鉴定最难、最复杂的工作部分，首先在 ERDAS 软件的帮助下，逐自对每一种混合类提取出来，再借助 ISODATA 的方法把它们分别分成 5 个类，重复使用上述同样的方法对每一个混合类进行识别和命名，当然在识别判定的过程中，需要辅助参照混合类栅格单元所处的 DEM 高程、所处的坡度和坡向以及有没有河流等一些辅助鉴定的其他地理特征，直到把这些混合类都识别出来。

三、冬小麦分布结果

通过人机交互识别判定，类的命名，类初次归并、混合类再分类，然后次类最后归并，最后得到 5 个类，分别为冬小麦—夏玉米、冬小麦—大豆、冬小麦—蔬菜、蔬菜和冬小麦—水稻。对冬小麦进行提取，生成黄淮海地区冬小麦空间分布图。经计算河北省冬小麦播种面积为 2291.0 万亩，山东省为 3290.3 万亩，河南省为 3325.6 万亩，江苏省 1164.1 万亩，如图 6-10 所示。

四、亚像素估算

研究采用的 MODIS-NDVI 遥感影像数据的空间分辨率为 250 m，因此造成一些破碎地块和田间道路等信息无法被判读提取，导致整个作物信息提取精度下降。本研究采用像素估算（sub-pixel area fraction estimate）方法，对已提取的作物信

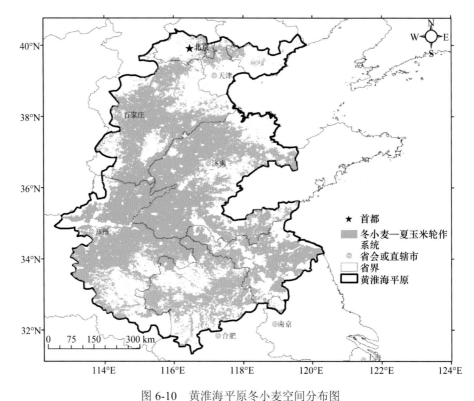

图 6-10　黄淮海平原冬小麦空间分布图

Figure 6-10　The spatial pattern of winter wheat in the Huang-Huai-Hai Plain

息进行订正，以提高地面作物信息提取的准确度。

借助黄淮海平原区域内的 Landsat 影像计算耕地面积订正系数（CAF），对结果图进行面积估算，估算公式为

$$作物面积 = 全部像元面积 \times CAF$$

五、精度评估

本研究从位置精度和总量精度两个方面对作物信息提取结果进行精度评估（郝卫平等，2011）。地面调查点信息提取之前，遵照空间均匀分布的原则，预留了 21 个（约占地面总调查点数的 12.6%）调查点参与位置精度评估，然后依据"灌溉类或者雨养类—作物类型（冬小麦、玉米、大豆、水稻等）—种植制度（单季、双季）"的命名方式，用预留的调查点与作物信息提取结果进行对照评估，结果发现，17 个地面调查点与提取结果完全一致，也就是说位置精度为 81.0%（图 6-11）。

利用黄淮海地区的县域图，从冬小麦种植信息空间分布图中逐个提取县域尺度作物种植信息，定量评价提取结果的总量精度。统计值和估算值的相关关系散点图如图 6-12 所示，二者相关系数为 0.68，达到极显著水平（$P<0.01$）。

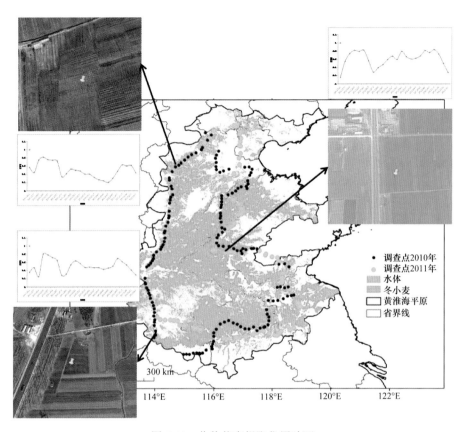

图 6-11　作物信息提取位置验证

Figure 6-11　Validation of crop imformation extraction using 21 points

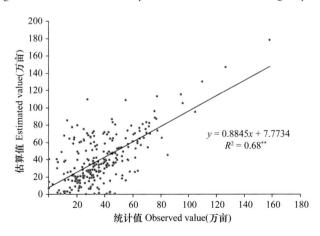

图 6-12　作物信息提取总量验证

Figure 6-12　Validation of crop imformation using total plant area

（本节作者：刘　勤　杨建莹　梅旭荣）

第四节　SEBAL 地表蒸散估算

SEBAL 模型主要包括 4 个方面内容：①利用卫星遥感数据资料选择相应波段进行地面特征参数的反演计算，包括地面反照率、比辐射率、地面温度与 NDVI；②利用这些参数及相关资料计算出卫星过境时各像元点的瞬间净辐射与土壤热通量；③利用 Monin-Obukhov 理论通过多次迭代对空气动力学阻力 r_{ah} 进行校正，最后确定区域内各像元点的感热通量；④通过地表能量平衡方程计算出瞬间蒸散量，进而换算获得日蒸散量。

本节以 2011 年第 97 天（4 月 7 日）为例，对净辐射通量、土壤热通量、感热通量及潜热通量进行分析。

一、净辐射通量估算

太阳短波辐射经过大气的衰减作用（如散射作用）后到达地球表面，被地表接收的那部分太阳辐射能量称为净辐射。地表净辐射通量是地表短波和长波辐射的净收支，是地表-大气间能量、动量、水分及其他物质分子进行交换的主要能源，是地表蒸散过程的唯一能量来源，是决定区域地表蒸散量大小的非常关键的因素之一，其分布特征直接影响到地表蒸散的时空分布规律。这部分的能量分配为以下几部分：使得大气升温的显热通量（H）；使地表土壤水分蒸发和植被叶面水分蒸腾从而使得气温降低的潜热通量（LE）以及使得土壤升温的土壤热通量（G），除此之外还有一小部分用于植被的光合作用，但通常被忽略不计。

黄淮海平原净辐射通量一般在 500~700 W·m^{-2}，区域平均净辐射通量为558.92 W·m^{-2}（图 6-13）。从空间分布上看，净辐射通量的空间分布差异明显，南部地区净辐射通量高于北方地区。高值区域主要位于河南、安徽和江苏 3 省，该地区净辐射量平均为 550 W·m^{-2}，最高可达 600 W·m^{-2} 以上。河北、山东以及北京、天津地区净辐射量相对较低，一般在 550 W·m^{-2} 以下，部分地区不足500 W·m^{-2}。

净辐射通量的空间分布差异，不仅受到光照状况的影响，与植被覆盖、地形等因素也有较强的关系。

二、土壤热通量估算

土壤表面在吸收太阳辐射能量之后，依靠分子传导的形式把热量传入地下，使下层土壤升温。反过来，当表层土壤冷却，温度下降到比深层的温度还低时，热量就会从深层输出，这个过程称为土壤的热量交换过程。土壤热交换过程中存

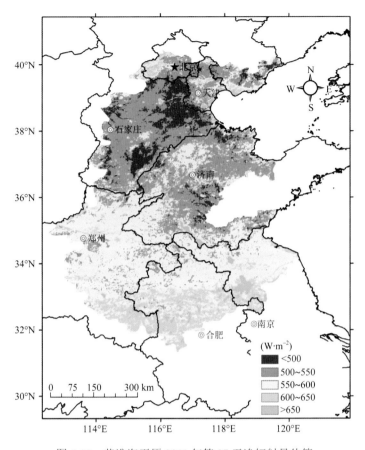

图 6-13　黄淮海平原 2011 年第 97 天净辐射量估算

Figure 6-13　Estimation of net radiation flux for 97th of 2011 in the Huang-Huai-Hai Plain

储在土壤和植被中的能量即为土壤热通量（soil heat flux）。土壤热通量 G 是通过地表土壤截面单位面积上的热量，在能量平衡原理中，土壤热通量与地表净辐射通量的差值为地表净可用能量，受到地表土壤水分含量和植被覆盖程度的影响，进而影响到给空气加热以升温的热通量和使水分蒸发的潜热通量的分配，从而影响地表蒸散量的分布。它与土壤垂直温度梯度成正比，一天之中大致随着净辐射量的高低起伏而变化。

黄淮海平原瞬时土壤热通量一般在 30~80 W·m^{-2}（图 6-14），区域平均土壤热通量为 56.97 W·m^{-2}。如图 6-14 所示，从空间分布上看，土壤热通量的空间分布差异明显，北部地区高于南部地区。高值区域主要位于河北、北京以及天津地区，土壤热通量一般在 70 W·m^{-2} 以上。河南、安徽和江苏 3 省土壤热通量相对较低，一般在 50 W·m^{-2} 以下，部分地区不足 40 W·m^{-2}。

在 SEBAL 蒸散模型中，土壤热通量与植被覆盖度和地表净辐射通量高度相关。冬季时植被覆盖程度一般较低，土壤热通量受到地表净辐射的支配较大，空间分布表现出与净辐射分布的一致性。而植被生命活动旺盛时，土壤热通量受植被覆盖度的支配较大，空间分布表现出与植被覆盖的一致性（王万同，2008）。

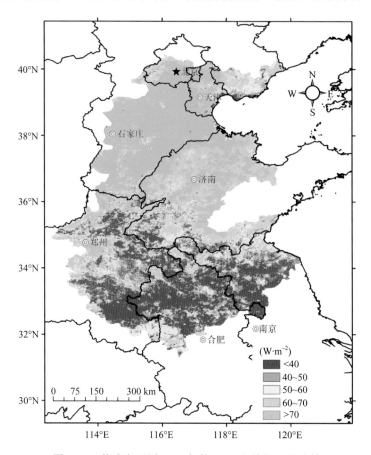

图 6-14　黄淮海平原 2011 年第 97 天土壤热通量估算

Figure 6-14　Estimation of soil heat flux for 97th of 2011 in the Huang-Huai-Hai Plain

三、显热通量估算

显热通量（$W \cdot m^{-2}$）是在净辐射能量的作用下，地表接收总能量的一部分用以加热升温，并由于温差的作用以湍流的方式传给大气，从而加热空气的这部分能量即为显热通量。它表征地表与大气之间的能量交换，由地表温度、空气温度和空气动力学阻抗决定。显热通量是计算垂直方向上温度梯度传输时造成可用能量的消耗，一般而言，常用地表温度与参考高度（2 m）两个高度差的温差加以估算。在估算上则常采用电学中欧姆定律的概念，将显热通量比喻为电流，两个高度差则视为电位差，而电阻的部分就被视为受到的空气动力学阻抗。本节中显热通量的估算引入莫宁-奥布霍夫定律通过循环递归运算求解。选择"冷点"和"热

点"，经多次迭代分析最终得到稳定的显热通量。"冷点"是指影像中水分供应充足、植被生长茂盛、温度低、处于潜在蒸散水平的像元，可以是植被生长良好的完全覆盖的区域或开放的水体；"热点"是指没有植被覆盖的干燥的闲置农田或盐碱地，温度很高，蒸发能量几乎为 0 的像元。

黄淮海平原瞬时显热通量在 $30\sim80$ $W\cdot m^{-2}$，区域平均显热通量为 56.97 $W\cdot m^{-2}$（图 6-15）。黄淮海平原瞬时显热通量空间差异显著，北部地区高于南部地区。北部的河北、山东、北京和天津地区瞬时显热通量一般在 65 $W\cdot m^{-2}$ 以上。河南、安徽、江苏 3 省瞬时显热通量较低，瞬时显热通量不足 45 $W\cdot m^{-2}$，部分地区不足 35 $W\cdot m^{-2}$。

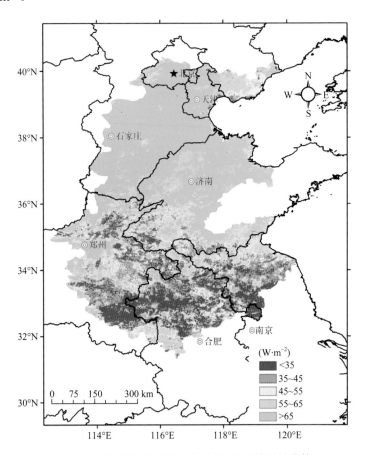

图 6-15　黄淮海平原 2011 年第 97 天显热通量估算

Figure 6-15　Estimation of sensible heat flux for 97th of 2011 in the Huang-Huai-Hai Plain

四、潜热通量估算

通过地表能量平衡方程，可计算出瞬时潜热通量 LE。潜热主要由蒸发过程提供，

伴随着水汽相变及水汽辐合上升等过程,对大气环流和降水等变化有重要的影响。

黄淮海平原瞬时潜热通量在 100~450 W·m^{-2},区域平均潜热通量为 282.22 W·m^{-2}(图 6-16)。瞬时潜热通量空间差异明显,南部地区高于北部地区,南部的河南、安徽、江苏 3 省瞬时潜热通量一般在 250 W·m^{-2} 以上,最高可达 450 W·m^{-2};而北部地区瞬时潜热通量较低,河北地区瞬时潜热通量不足 150 W·m^{-2}。

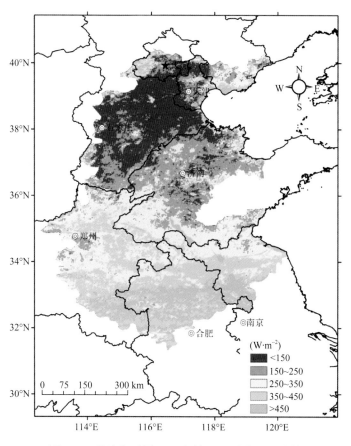

图 6-16   黄淮海平原 2011 年第 97 天潜热通量估算

Figure 6-16   Estimation of latent heat flux for 97th of 2011 in the Huang-Huai-Hai Plain

五、日蒸散量估算

由于遥感资料是卫星过境时的瞬时值,所以计算得到的是瞬时蒸散,如何根据瞬间值推算出日蒸散值,这是需要解决的时间尺度的转换问题。地表各通量在一天内变化极大,然而潜热通量与净辐射通量和土壤热通量之间(或潜热通量与显热通量之和)的比值(蒸发比率)却相对稳定。它表示潜热通量在地表与大气能量交换中所占的比例(地表与大气能量交换包括潜热通量和显热通量)。因此,

可通过蒸发比的确定来获得区域日蒸散量值。

通过时间尺度扩展可得到黄淮海平原的 2012 年 4 月 7 日的日蒸散量值一般在 1~8 mm，包括居民区、水体、作物、果树等在内的多种土地利用类型，区域平均日蒸散量为 4.39 mm（图 6-17）。经过作物信息提取后，得到黄淮海平原冬小麦生长季的日蒸散量平均值为 4.87 mm。从黄淮海平原整体的日蒸散量来看，2012 年 4 月 7 日南部河南、安徽和江苏 3 省日蒸散量相对较高，一般在 4 mm 以上，而北部的河北以及北京、天津地区日蒸散量较低，大部分地区在 2 mm 以下。

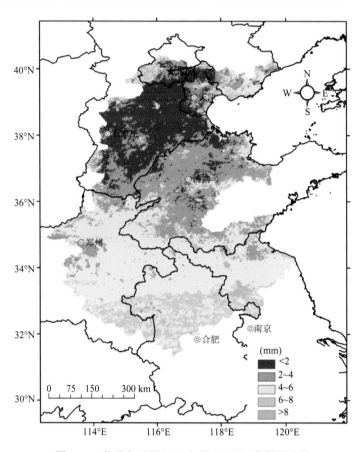

图 6-17　黄淮海平原 2011 年第 97 天日蒸散量估算

Figure 6-17　Estimation of daily evapotranspiration for 97th of 2011 in the Huang-Huai-Hai Plain

六、精度验证与误差分析

涡度相关法是直接观测生态系统水平上地、气间能量和物质通量的标准方法，涡度相关系统测量的蒸散量是目前所有野外实测方法中可信度最高的方法之一（Baldoeehi et al.，2001；Aubinet et al.，2000；杜嘉等，2010）。本研究利用位于山东禹城试验站的涡度相关系统对 SEBAL 模型遥感估算的蒸散量进行检验。

为了验证模型估算的地表日蒸散量的可信度，在反演结果中选取山东禹城试验站站点位置的潜热通量估算值与涡度相关系统实测潜热通量值进行比较。从图 6-18 中可以看出，两者变化的基本趋势很吻合而且相差较小。其散点图图 6-19 也显示出较强的相关性，复相关性系数为 0.89。利用 SEBAL 模型模拟黄淮海平原地表蒸散估算精度可以达到 85%以上，本研究利用 SEBAL 模型模拟作物蒸散量的误差在合理范围内（Bastiaanssen et al.，1998，2000，2005）。模型模拟的是像元尺度的平均值，而地面实测值只是测量仪器内的地表蒸散，存在尺度差异性。在实际蒸散值较小时，模型模拟误差较大，因为小变量值本身的精确实测就存在系统误差（杜嘉等，2010）。

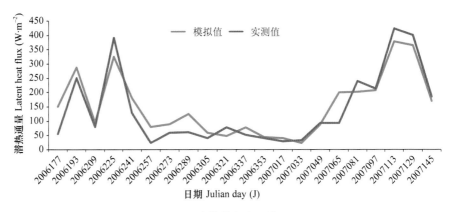

图 6-18　估算值与实测值对比

Figure 6-18　Comparison between estimated and measured values for actual evapotranspiration

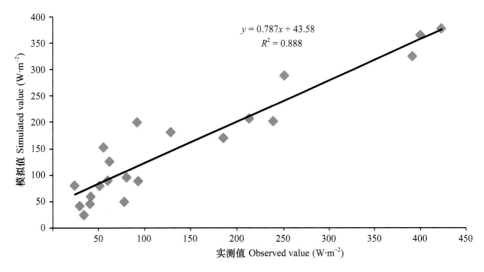

图 6-19　估算值与实测值的散点图

Figure 6-19　Scatter map of estimated and measured values for actual evapotranspiration

SEBAL 模型在不同国家和地区的蒸散量估算研究中被广泛应用，据世界各地的应用研究，SEBAL 模型蒸散量估算与地面涡度相关系统观测结果比较均存在一定的误差，其瞬时误差平均在15%左右，日平均误差在10%左右。由于遥感估算值往往尺度较大，而实测值主要基于站点值，因此，存在一定的尺度效应。

（本节作者：杨建莹 严昌荣 刘 勤）

第五节 冬小麦实际蒸散量

农业气象站点作物生育期数据提供了黄淮海平原冬小麦的播种日期和成熟日期。根据刘巽浩和陈阜（2003）《中国农作制》中的农业亚区划分，对黄淮海平原内6个类型区7个农业亚区冬小麦生长季进行区分，从而得到该7个亚区的冬小麦种植数据。利用空间内插方法，对黄淮海平原7个农业亚区作物生长季内总蒸散量进行计算，利用黄淮海平原冬小麦分布信息提取冬小麦实际蒸散量数值。

一、冬小麦生长季实际蒸散量空间分异特征

2001~2002 年黄淮海平原大部分地区冬小麦实际蒸散量在 500~700 mm，区域平均值为 630.7 mm（图 6-20），河北、河南、北京、天津、江苏以及山东东部地区，实际蒸散量在 600 mm 以上，低值区域位于山东东部以及安徽地区，实际蒸散量在 600 mm 以下。2006~2007 年冬小麦实际蒸散量与 2001~2002 年相比有明显减少，区域均值为 550.76 mm，空间分布上，河北西部、河南东部以及山东西部地区实际蒸散量值较高，在 500 mm 以上，部分地区可达 600 mm，河南西部、河北西部、山东东部以及安徽和江苏北部地区实际蒸散量较低，在 600 mm 以下，部分地区不足 500 mm。2011~2012 年冬小麦实际蒸散量均值为 538.41 mm，高值区域位于河南、江苏以及山东西南部，实际蒸散量值在 500 mm 以上。2011~2012 年冬小麦实际蒸散量低于 500 mm 的区域有所扩大，河北和山东中北部的大部分地区实际蒸散量在 500 mm 以下，其中部分地区冬小麦生长季实际蒸散量不足 400 mm。

与 2001~2002 年相比，2006~2007 年冬小麦实际蒸散量表现出明显的下降，下降幅度一般在 20 mm 以上，北京、天津、河北南部、山东聊城地区以及江苏、安徽北部地区下降可达 60 mm 以上，河北中部、山东中部地区下降幅度相对较小，一般为 20 mm 左右（图 6-21）。与 2006~2007 年相比，2011~2012 年北京、天津、河北及山东北部地区冬小麦实际蒸散量明显减少，幅度在 40 mm 以上，而河北、安徽地区冬小麦生长季实际蒸散量增加，可达 60 mm 以上。总体来说，冬小麦实

际蒸散量在北京、天津、河北以及山东中北部地区连续下降。

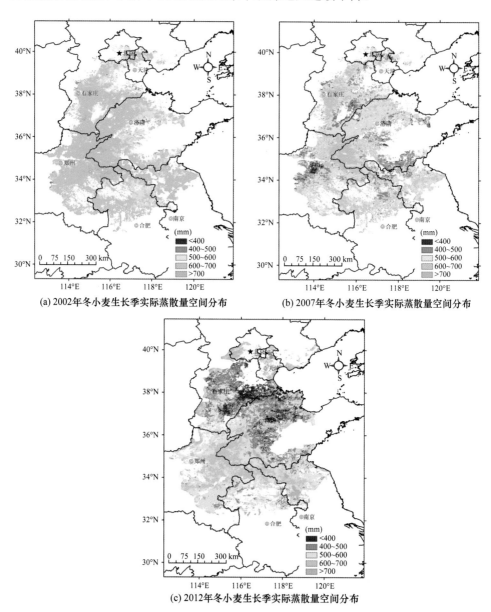

(a) 2002年冬小麦生长季实际蒸散量空间分布   (b) 2007年冬小麦生长季实际蒸散量空间分布

(c) 2012年冬小麦生长季实际蒸散量空间分布

图 6-20　黄淮海平原冬小麦生长季蒸散量空间分布

Figure 6-20　Estimation of actual evapotranspiration for winter wheat in the Huang-Huai-Hai Plain

二、蒸散量与 NDVI 的相关性

归一化植被指数（NDVI）是植物生长状态以及植被空间分布密度的最佳指示

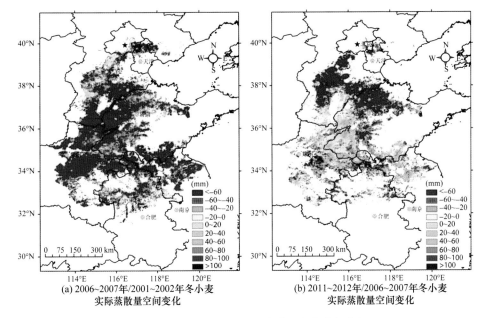

(a) 2006~2007年/2001~2002年冬小麦
实际蒸散量空间变化

(b) 2011~2012年/2006~2007年冬小麦
实际蒸散量空间变化

图 6-21　黄淮海平原冬小麦蒸散量变化空间特征

Figure 6-21　Spatial characteristics of winter wheat actual evapotranspiration in the Huang-Huai-Hai Plain

因子，与植被分布密度呈线性相关，对土壤背景的变化较为敏感。NDVI 为目前监测植被变化应用最为广泛的植被指数，通过作物蒸散量与 NDVI 的关系，能够揭示被覆盖情况对地表实际蒸散的影响。为了更明确作物蒸散量与 NDVI 的关系，根据刘巽浩和陈阜（2003）《中国农作制》中的分区，分别对 6 个类型区共 7 个亚区的蒸散量与各阶段 NDVI 指数作相关分析，结果如表 6-3 所示。

表 6-3　黄淮海平原冬小麦蒸散量与 NDVI 相关分析

Table 6-3　Correlation analysis between actual evapotranspiration in winter wheat growing season and NDVI in the Huang-Huai-Hai Plain

儒略日 Julian day	1区 Zone1	2区 Zone 2	3区 Zone 3	4区 Zone 4	5区 Zone 5	6区 Zone 6	7区 Zone 7
2011289	0.01	0.12	−0.28	0.02	−0.11	−0.14	0.16
2011305	0.18	0.17	0.29	0.12	−0.17	−0.14	−0.17
2011321	0.17	0.06	0.35	0.12	−0.04	−0.08	−0.01
2011337	0.17	0.11	0.43	0.11	−0.08	−0.04	0.03
2011353	0.19	0.16	0.44	0.16	−0.09	−0.01	0.05
2012001	0.18	0.15	0.44	0.16	−0.07	−0.03	0.04
2012017	0.18	0.21	0.48	0.15	−0.12	0.06	0.07
2012033	0.15	0.26	0.56	0.29	−0.07	−0.06	0.19
2012049	0.18	0.28	0.54	0.29	−0.17	−0.02	0.15
2012065	0.15	0.43	0.55	0.24	−0.09	−0.02	0.32

儒略日 Julian day	1区 Zone1	2区 Zone 2	3区 Zone 3	4区 Zone 4	5区 Zone 5	6区 Zone 6	7区 Zone 7
2012081	0.22	0.36	0.65	0.19	−0.05	0.02	0.09
2012097	0.17	0.27	0.67	0.20	0.07	−0.05	0.14
2012113	0.16	0.41	0.66	0.16	0.08	−0.03	0.11
2012129	0.21	0.40	0.57	0.19	0.14	−0.13	0.12
2012145	0.25	0.31	0.55	0.14	0.32	0.05	0.20
2012161	0.23	0.26	0.03	0.21	0.10	0.12	0.20

不同地形地质及耕作方式下，冬小麦蒸散量均表现出与生长中后期的 NDVI 指数相关性较强。作物生长中后期，植被生长相对迅速，NDVI 指数升高，此时植被的生命活动强烈，叶面蒸腾量加大，在整个像元上，就表现为蒸散阻抗降低，潜热通量增大，导致地表蒸散量增加。因此，植被覆盖情况及作物蒸散的影响很大，这也与上述两种作物蒸散量与 NDVI 指数的相关性关系分析结果相吻合。

三、蒸散量与地表温度的相关性

与作物生长季的 NDVI 指数相比较，作物蒸散量与地表温度的相关性更加明显。作物蒸散量与地表温度呈显著负相关，随着地表温度的升高，冬小麦实际蒸散量降低。冬小麦生长季的实际蒸散量与整个生育期内的地表温度都高度相关，且冬小麦的实际蒸散量与地表温度的相关系数高于其与 NDVI 的相关系数（表 6-4）。

表 6-4　黄淮海平原冬小麦蒸散量与地表温度相关分析

Table 6-4　Correlation analysis between actual evapotranspiration in winter wheat growing season and land surface temperature in the Huang-Huai-Hai Plain

儒略日 Julian day	1区 Zone1	2区 Zone 2	3区 Zone 3	4区 Zone 4	5区 Zone 5	6区 Zone 6	7区 Zone 7
2011289	−0.26	−0.01	0.27	−0.15	0.06	−0.12	−0.26
2011305	−0.28	−0.19	−0.33	−0.19	−0.28	−0.19	−0.03
2011321	−0.03	0.12	0.42	0.14	−0.45	0.02	0.02
2011337	−0.38	−0.25	−0.70	−0.30	−0.36	−0.07	0.05
2011353	−0.19	0.20	−0.24	0.00	−0.42	−0.16	−0.45
2012001	−0.24	0.04	−0.36	−0.16	−0.45	−0.40	−0.30
2012017	−0.32	−0.12	−0.22	−0.17	0.02	−0.19	−0.10
2012033	−0.45	−0.02	0.09	−0.13	−0.29	−0.27	−0.05
2012049	−0.56	−0.10	−0.15	−0.48	−0.15	−0.22	−0.15
2012065	−0.52	−0.38	−0.35	−0.45	−0.13	−0.06	−0.29
2012081	−0.44	−0.47	−0.65	−0.47	−0.16	−0.05	−0.26
2012097	−0.56	−0.43	−0.73	−0.49	0.05	−0.05	−0.36
2012113	−0.06	0.18	−0.12	−0.32	−0.27	−0.18	−0.28
2012129	−0.35	−0.51	−0.63	−0.14	−0.30	−0.47	−0.50
2012145	−0.48	−0.30	−0.58	−0.16	−0.28	−0.38	−0.14
2012161	−0.45	−0.10	0.00	−0.14	−0.07	−0.19	0.06

四、蒸散量与地形参数的相关性

考虑到地形参数对作物生长季蒸散量的可能影响，提取冬小麦生长季蒸散量值与经纬度作相关分析（图 6-22）。在蒸散量值与经纬度栅格面输出点值单元为 1000 m×1000 m。冬小麦生长季蒸散量与经度、纬度存在显著的相关关系，经度和纬度每升高 1°，则蒸散量分别减少 12.17 mm 和 19.95 mm。

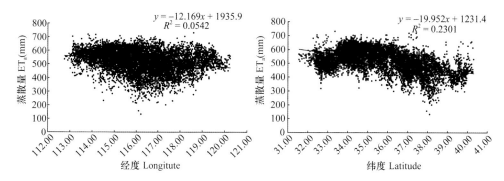

图 6-22　黄淮海平原冬小麦生长季蒸散量与经纬度相关性分析

Figure 6-22　Correlation analysis between actual evapotranspiration in winter wheat growing season and longitude and then latitude in the Huang-Huai-Hai Plain

（本节作者：杨建莹　梅旭荣　严昌荣）

第六节　小　　结

以 2011 年第 97 天（4 月 7 日）为例，对净辐射通量、土壤热通量、感热通量及潜热通量进行分析计算。黄淮海平原净辐射通量一般在 500~700 W·m^{-2}，区域平均值为 558.92 W·m^{-2}，南部地区净辐射通量较北方地区高。瞬时土壤热通量一般在 30~80 W·m^{-2}，区域平均土壤热通量为 56.97 W·m^{-2}。土壤热通量的空间分布差异明显，北部地区较南部地区高。瞬时显热通量在 30~80 W·m^{-2}，区域平均显热通量为 56.97 W·m^{-2}。瞬时显热通量空间差异显著，北部地区高于南部地区。瞬时潜热通量在 100~450 W·m^{-2}，区域平均潜热通量为 282.22 W·m^{-2}，瞬时潜热通量空间差异显著，南部地区高于北部地区。通过时间尺度扩展得到黄淮海平原的 2012 年 4 月 7 日的日蒸散量值一般为 1~8 mm，包括居民区、水体、作物、果树等在内的多种土地利用类型，区域平均日蒸散量为 4.39 mm。

本研究对比研究了山东禹城试验站站点位置的潜热通量估算值与涡度相关系统实测潜热通量值。模拟值和实测值的变化基本趋势很吻合而且相差较小。散点图显示出较强的相关性，复相关性系数为 0.888。

2001~2002 年、2006~2007 年和 2011~2012 年这 3 个时段，区域冬小麦生长季

实际蒸散量平均值分别为 630.7 mm、550.8 mm 和 538.4 mm。冬小麦生长季实际蒸散量的高值区域位于河北、河南、苏北以及山东地区。冬小麦实际蒸散量在北京、天津、河北以及山东中北部地区连续下降。

冬小麦生长季蒸散量均表现出与生长中后期的 NDVI 指数相关性较强。与作物生长季的 NDVI 指数相比较,作物生长季蒸散量与地表温度的相关性更加明显。作物蒸散量与地表温度呈显著负相关,随着地表温度的升高,冬小麦实际蒸散量降低。冬小麦生长季蒸散量与纬度存在显著的相关关系。

参 考 文 献

陈静彬, 岳意定. 2008. 我国粮食安全研究进展. 安徽农业科学, 36(35): 15758-15760.

陈鸣, 潘之棣. 1994. 用卫星遥感红外数据估算大面积蒸散量. 水科学进展, 5(2): 126-133.

陈佑启, 杨鹏. 2001. 国际上土地利用土地覆盖变化研究的新进展. 经济地理, (1): 95-100.

崔读昌. 2001. 我国粮食作物气候资源利用效率及其提高的途径. 中国农业气象, 22(2): 25-32.

杜嘉, 张柏, 宋开山, 等. 2010. 基于 MODIS 产品和 SEBAL 模型的三江平原日蒸散量估算. 中国农业气象, 31(1): 104-110.

傅泽强, 蔡运龙, 杨友孝, 等. 2001. 我国粮食安全与耕地资源变化的相关分析. 自然资源学报, 16(4): 313-319.

高占义, 王浩. 2008. 我国粮食安全与灌溉发展对策研究. 水利学报, 11(9): 1273-1278

郭淑敏, 马帅, 陈印军. 2006. 我国粮食主产区粮食生产态势与发展对策研究. 农业现代化研究, 27(1): 1-6.

郝卫平, 梅旭荣, 蔡学良, 等. 2011. 基于多时相遥感影像的东北三省作物分布信息提取. 农业工程学报, 27(1): 201-207.

何玲, 莫兴国, 汗志农. 2007. 基于 MODIS 遥感数据计算无定河流域日蒸散. 农业工程学报, 23(5): 114-150.

李守波, 赵传燕. 2006. 基于能量平衡的关川河流域蒸散发的遥感反演. 遥感技术与应用, (6): 521-526.

李天平, 刘洋, 李开源. 2008. 遥感图像优化迭代非监督分类方法在流域植被分类中的应用. 城市勘测, (1): 75-77.

李忠佩, 李德成, 张桃林. 2001. 土地退化对全球粮食安全的威胁及防治对策. 水土保持通报, 21(4): 19-23.

刘昌明. 2004. 水文水资源研究理论与实践——刘昌明文选. 北京: 科学出版社: 432.

刘巽浩, 陈阜. 2003. 中国农作制. 北京: 中国农业出版社: 58-72.

吕婷婷, 刘闯. 2010. 基于 MODIS 数据的泰国耕地信息提取. 农业工程学报, 26(2): 244-250.

梅旭荣, 康绍忠, 于强, 等. 2013. 协同提升黄淮海平原作物生产力与农田水分利用效率途径. 中国农业科学, 6: 008.

潘志强, 刘高焕. 2003. 黄河三角洲蒸散的遥感研究. 地球信息科学, 3: 91-96.

沈振荣, 苏人琼. 1998. 中国农业水危机对策研究. 北京: 中国农业科学技术出版社: 235-242.

苏桂武, 方修琦. 2000. 京津地区近 50 年来水稻播种面积变化及其对降水变化的响应研究. 地理科学, 20(3): 212-217.

孙颔, 石玉林. 2003. 中国农业土地利用. 南京: 江苏科学技术出版社.

孙九林. 1996. 中国农作物遥感动态监测与估产. 北京: 科学出版社: 118-124.

田国良. 1989. 黄河流域典型地区遥感动态研究. 北京: 科学出版社.

王万同. 2012. 基于遥感技术的区域地表蒸散估算研究. 河南大学博士学位论文.

谢云. 1997. 我国的农业发展与全球变化——我国在全球变化研究中的地位和作用. 北京师范大学学报(自然科学版), 33(3): 422-426.

辛晓洲, 田国良, 柳钦火. 2003. 地表蒸散定量遥感的研究进展. 遥感学报, 7(3): 233-240.

信乃诠. 2002. 中国北方旱区农业研究. 北京: 中国农业出版社.

熊勤学, 黄敬峰. 2009. 利用 NDVI 指数时序特征监测秋收作物种植面积. 农业工程学报, 25(1): 144-148.

徐同仁, 刘绍民, 秦军, 等. 2009. 同化 MODIS 温度产品估算地表水热通量. 遥感学报, 6: 989-1009.

许文波, 田亦陈. 2005. 作物种植面积遥感提取方法的研究进展. 云南农业大学学报, 20(1): 94-98.

许文波, 张国平, 范锦龙, 等. 2007. 利用 MODIS 遥感数据监测冬小麦种植面积. 农业工程学报, 23(12): 144-149.

闫慧敏, 黄河清, 肖向明, 等. 2008. 鄱阳湖农业区多熟种植时空格局特征遥感分析. 生态学报, 28(9): 4517-4523.

杨贵羽, 汪林, 王浩. 2010. 基于水土资源状况的中国粮食安全思考. 农业工程学报, 26(12): 1-5.

张健康, 程彦培, 张发旺, 等. 2012. 基于多时相遥感影像的作物种植信息提取. 农业工程学报, 28(2): 134-141

张仁华, 孙晓敏, 王伟民, 等. 2004. 一种可操作的区域尺度地表通量定量遥感二层模型的物理基础. 中国科学: D 辑, 34(Ⅱ): 200-216.

张仁华, 孙晓敏, 朱治林, 等. 2002. 以微分热惯量为基础的地表蒸发全遥感信息模型及在甘肃沙坡头地区的验证. 中国科学: D 辑, 32(12): 1041-1051.

张霞, 焦全军, 张兵, 等. 2008. 利用 MODIS_EVI 图像时间序列提取作物种植模式初探. 农业工程学报, 24(5): 161-165.

张秀英, 杨敏华, 刘常娟. 2008. 面向对象遥感分类新技术在第二次土地调查中的应用. 遥感信息, 03: 77-81.

郑长春, 王秀珍, 黄敬峰. 2009. 多时相 MODIS 影像的浙江省水稻种植面积信息提取方法研究. 浙江大学(农业与生命科学版), 35(1): 98-104.

中国农业年鉴编辑委员会. 2011. 中国农业年鉴 2011. 北京: 中国农业出版社.

左丽君, 董婷婷, 汪潇, 等. 2009. 基于 MODIS/EVI 的中国北方耕地复种指数提取. 农业工程学报, 25(8): 141-146.

左丽君, 张增祥, 董婷婷, 等. 2008. MODIS/NDVI 和 MODIS/EVI 在耕地信息提取中的应用及对比分析. 农业工程学报, 24(3): 167-172.

Allen R, Tasumi M, Morse A, et al. 2005. A Landset-based energy balance and evapotranspiration model in Western US water rights regulation and planning. Irrigation &Drainage System, 19(3-4): 251-268.

Allen R G, Pereira L S, Raes D, et al. 1998. Crop evapotranspiration: guidelines for computing crop water requirements. FAO irrigation and Drainage paper no. 56, Rome, Italy.

Anderson M C, Norman J M, Diak G R, et al. 1997. A two source time-integrated model for estimating surface fluxes using thermal infrared remote sensing. Remote Sensing of Environment, 60(2): 195-216.

Aubinet M, Grelle A, Ibrom A, et al. 2000. Estimates of the annual net carbon and water exchange of European forests: the EUROFLUX methodology. Adv. Eco. Res. , 30: 113, 175.

Baldoechi D, Falge E, Gu L, et al. 2001. Fluxnet: A new tool to study the temporal and spatial variability of ecosystem–Scale carbon dioxide, water vapor, and energy flux densities. Bulletin of the American Meteorological Society, 81: 2415-2434.

Bartholome E, Belward A S. 2005. GLC2000: A new approach to global land covers mapping from earth observation data. International Journal of Remote Sensing, 26(9-10): 1959-1977.

Bastiaanssen W G , Noordman E J, Pelgrum H D, et al. 2005. SEBAL Model with remotely sensed data to improve water-resources management under actual field conditions. ASCE Journal of Irrigation and Drainage Engineering, 131(1): 85-93.

Bastiaanssen W G, Molden D J, Makin I W. 2000. Remote sensing for irrigated agriculture: Examples from research and possible applications. Agricultural Water Management, 46(2): 137-155.

Bastiaanssen W G, Pelgrum H, Wang J, et al. 1998. A Remote Sensing Surface Energy Balance Algorithm for Land(SEBAL). Part 2: Validation. Journal of Hydrology, 213(1/4): 213-229.

Bastiaanssen W G. 1998. Remote sensing in water resources management: The state of the Art. Colombo, Sri Lanka: IWMI Press: 118.

Bastiaanssen W, Harshadeep W. 2005. Managing scarce resource in Asia: The nature of the problem and can remote sensing help? Irrigation & Drainage Systems, 19(3): 269-284.

Batra N S, Islam V, Venturini G, et al. 2006. Estimation and comparison of evapotranspiration from MODIS and AVHRR sensors for clear sky days over the southern great plains. Remote Sensing of Environment, 103(1): 1-15.

Blyth E M, Harding R J. 1995. Application of aggregation model to surface heat flux from the Sahelian Tiger Bush. Agricultural and Forest Meteorology, 72(3/4): 213-215

Brotzge J A, Crawford K C. 2003. Estimation of the surface energy budget: a comparison of Eddy correlation and Bowen ratio measurement system. Journal of Hydrometeorology, 4: 160-177.

Carlson T N, Capehart W J, Gillies R R. 1995. A new look at the simplified method for remote sensing of daily evapotranspiration. Remote Sensing of Environment, 54(2): 161-167.

Friedl M A, Mciver D K, Hodges J C, et al. 2002. Global land cover mapping from MODIS: Algorithms and early results. Remote Sensing of Environment, 83(1-2): 287-302.

Homer C, Huang C, Yang L, et al. 2004. Development of a 2001 national land-cover database for the United States. Photogrammetric Engineering and Remote Sensing, 70(7): 829-840.

Idso S B, Reginato R J, Jackson R D. 1977. An equation for potential evaporation from soil, water and crop surfaces adaptable to use by remote sensing. Geophysical Research Letters, 4: 187-188.

Jackson R D, Reginato R J, Idso S B. 1977. Wheat canopy temperature: a practical tool for evaluating water requirements. Water Resource Research, 13(3): 651-656.

Justice C O, Townshend J R. 2002. Special issue on the moderate resolution imaging spectroradiometer(MODIS): a new generation of land surface monitoring. Remote Sensing of Environment, 83(1/2): 1-2.

Lambin E F, Ehrlich D. 1996. The surface temperature-vegetation index for land cover and land cover change analysis. International Journal of Remote Sensing,17: 463-487.

Norman J M, Kustas W P, Humes K S. 1995. A two-source approach for estimating soil and vegetation energy fluxes from observation of directional radiometric surface temperature. Agricultural and Forest Meteorology, 77: 263-293.

Prater M R, Delucia E H. 2006. Non-native grasses alter evapotranspiration and energy balance in great basin sagebrush communities. Agricultural and Forest Meteorology, 139(1/2); 154-163.

Priestley C H, Taylor R J. 1972. On the assessment of surface heat flux and evaporation using large-scale parameters. Monthly Weather Review, 100: 81-92

Sanchez J M, Caselles V, Niclos R, et al. 2007. Evaluation of the B-method for determining actual evapotranspiration in a boreal forest from MODIS data. International Journal of Remote Sensing, 28(6): 1231-1250.

Schmugge T J, Kustas W P, Ritchie J C, et al. 2002. Remote sensing in hydrology. Advances in Water Resources, 25(8/12): 1367-1385.

Seguin B, Itier B. 1983. Using midday surface temperature to estimate daily evaporation from satellite thermal IR data. International Journal of Remote Sensing, 4(2): 371-383.

Shuttleworth W J, Gurney R J. 1990. The theoretical relationship between foliage temperature and canopy resistance in sparse crops. Quarterly Journal of the Royal Meteorological Society, 116(492):497-519.

Tasumi M, Allen R G. 2007. Satellite-based ET mapping to assess variation in ET with timing of crop development. Agricultural Water Management, 88(1/3): 54-62.

Tomita A, Inoue Y, Ogawa S, et al. 2000. Vegetation patterns in the Chao Phraya Delta, 1997 dry season using satellite image data. Proceedings of the international conference: The Chao Phraya Delta: Historical development, dynamics and challenges of Thailand's rice bowl. Thailand.

Toshihiro S, Nhan V N, Hiroyuki O. 2006. Spatio-temporal distribution of rice phenology and cropping systems in the Mekong Delta with special reference to the seasonal water flow of the Mekong and Bassac rivers. Remote Sensing of Environment, 100(1): 1-16.

Wardlow B D, Egbert S L, Kastens J H. 2007. Analysis of time-series MODIS 250 m vegetation index data for crop classification in the U. S. Central Great Plains, Remote Sensing of Environment, 108(3): 290-310.

Wardlow B D, Egbert S L. 2008. Large area crop mapping using time series MODIS 250 m NDVI data: An assessment for the U. S. Central Great Plains, Remote Sensing of Environment, 112(3): 1096-1116.

Wardlow B D, Kastens J H, Egbert S L. 2006. Using USDA crop progress data for the evaluation of greenup onset date calculated from MODIS 250 meter data. Photogrammetric Engineering and Remote Sensing, 72(11): 1225-1234.

Wataru T. 2004. Mapping of wetland and paddy field in Asia by satellite remote sensing. Tokyo: Faculty of Engineering, University of Tokyo.

Yunusa I A, Walker R R, Lu P. 2004. Evapotranspiration components from energy balance, sapflow and microlysimetry techniques for an irrigated vineyard in inland Australia. Agriculture and Forest Meteorology, 127(1-2): 93-107.

Zhang L, Lemeur R, Goutorbe J P. 1995. A one-layer resistance model for estimating regional evapotranspiration using remote sensing data. Agricultural and Forest Meteorology, 77(3/4): 241-261.

Zhang X Y, Chen S Y, Liu M Y, et al. 2005. Improved water use efficiency associated with cultivars and agronomic management in the North China Plain. Agronomy Journal, 97(3): 783-790.

Zhang X Y, Pei D, Hu C S. 2003. Conserving groundwater for irrigation in the North China Plain. Irrigation Science, 21(4): 159-166.

第七章 冬小麦水分生产力评价

第一节 水分生产力估算方法

一、遥感技术在作物产量空间化中的应用

传统的作物产量表达方法包括农学预报方法、气象统计方法、统计预报方法等。这些方法往往需要大量的基础数据，通过整理统计、人工区域调查等方式表达出来，因其速度慢、工作量大、成本高，所以往往只适合小范围内作物产量的表达（冯奇和吴胜军，2006）。

按行政区划单元发布的农业产量数据被广泛应用。以行政单元为基本单位的社会经济统计数据不能准确表达出统计指标的空间分异特点。以县域为单位的社会经济统计数据无法满足一些以地理分异为特征的区域性研究工作需求，使统计数据在地理、农业、区域等研究中无法被充分利用（刘忠和李保国，2012）。主要存在的问题包括：①农业生产要素具有空间异质性，而以行政单元为基本单位的统计数据往往属性相同，二者相矛盾。作物-土壤-大气连续系统中的各要素空间变异较大，农业生产受诸多要素影响，是各个要素共同作用的结果。统计数据在一定程度上能反映行政区域之间的差异性，但是，行政区域内部要素的空间异质性常常被掩盖。②统计数据之间细化程度的矛盾。现行国家统计制度中，国家级和省级的统计指标通常较为详细，且相对稳定和一致。但是对于基层行政区级别（如县级单位或地区），统计指标往往划分也不够细致，不同地区的统计标准也不尽相同。

农业生产统计数据空间化，是利用某种技术或手段，恢复或重构其空间分布特征，属于空间面插值的研究范畴。空间面插值分为无辅助数据的面插值和有辅助数据的面插值。通常采用的辅助数据包括遥感影像反演获得的土地覆被和土地利用、植被指数、居民点和河网数据以及其他基于地面调查的数据（刘忠和李保国，2012）。

20 世纪 20 年代，经济地理学家应用计量地理方法，初步探索了社会经济数据的空间化过程。但在大尺度区域社会经济数据格网化理论、方法论研究以及数据库建设方面，则认为开始于 20 世纪 90 年代。GIS 和 RS 得到较为广泛应用和发展，为区域尺度作物生长的动态监测和空间化研究提供了新的方法和手段（胡云峰等，2011）。人口和 GDP 数据空间化是国内外在社会经济统计数据空间化方面开展得最多也最为深入的研究。目前已建成一批全球、国家和区域尺度的人口和

GDP 网格数据库（Dobson et al.，2000；Klein，2001；Klein et al.，2006，2011；Nordhaus，2006；刘红辉等，2005；易玲等，2006；张晶等，2007；钟凯文等，2007）。农业统计数据空间化最早的研究领域是对农作物种植面积的空间化方法研究。国内外众多学者对全球多个国家多种作物种植面积进行了空间化，形成了多种不同地面分辨率的格网空间图（Maxwell and Hoffer，1996；Frolking et al.，2002；Maxwell et al.，2003，2006；Qiu et al.，2003；Leff et al.，2004；You and Wood，2005，2006；Monfreda et al.，2008；You et al.，2009；Khan et al.，2010）。

20 世纪 80 年代开始的"农业和资源空间遥感调查计划"项目，首次对粮食作物的种植面积和产量进行估算。90 年代欧共体国家将 SPOT 影像与 NOAA 影像相结合，完成了作物产量估测和空间化。利用遥感影像数据能够反演得到作物的生长信息，将生长信息与产量信息建立相关关系，便可获得大区域尺度下基于独立单元的作物产量信息。通常采用的遥感数据源包括：归一化植被指数（NDVI）、比值植被指数（RVI）、垂直植被指数（PVI）、差值植被指数（DVI）、增强型植被指数（EVI）、多时相植被指数（MTVI）以及农业植被指数（AVI）等（吕庆喆，2001；阎雨等，2004）。但是，利用遥感技术对作物产量进行空间化面临一个重要的问题，就是利用遥感技术估测的产量数据与实际测得的统计数据存在一定的误差（Frolking et al.，2002）。通常情况下，统计数据往往用作最后阶段对遥感估产的检验（Frolking et al.，1999；McCoy，2004）。一些学者尝试利用统计数据与遥感技术相结合，在人口估测（Sutton et al.，2001；Harvey，2002）、土地利用（Mesev，1998；Hurtt et al.，2001；Frolking et al.，2002；Neto and Hamburger，2008）和驱动变化等领域取得了显著的成果。但是，将统计数据与遥感空间化过程相结合，从而得到更加可靠的产量估测与空间化技术，目前还鲜有报道。

二、作物水分生产力估算

国际水资源管理研究所（IWMI）首先提出了水分生产力（water productivity）的概念，即单位水资源所生产出的产品数量或价值。在农业生产中强调用同样的水生产更多的粮食或用更少的水生产同样多的粮食（Cai and Sharma，2010），因此作物水分生产力可以简单定义为单位水资源所能生产出的粮食产量。作物水分生产力评估首先要得到"水分投入"或者耗水量（mm）与粮食产量（kg/亩），之后用后者除以前者即得到作物水分生产力（$kg \cdot m^{-3}$）。小尺度（田块尺度）上的农作物产出和耗水信息主要通过田间试验直接测量，也可借助某些模型（如 CROPWAT 模型）间接估算（Singh and Feddes，2006），尽管田块尺度的水分生产力研究可为田间管理提供直接的参考信息，也能为其他区域模型运算提供数据参数（Dong et al.，2004），但很难反映出大尺度的水分生产力水平差异。因此，作物水分生产力从田块向区域尺度扩展的精度评估研究成为关注热点（Moulin et al.，1998；Wesseling and Feddes，2006）。在较大空间尺度上，很难通过实测获取农业生产和耗水信息，必须借助遥感技术和区域模型。近几年遥感技术的发展和长时间序列的遥感影像获取为大尺度作物水分生产力制图研究提供了一个非常好的机遇。国际知名机构如 FAO、IWMI 也致力于推进水分生产力的研究，在全球范围内开展了一系列水分生产力研究项目。Alexander 等（2008）基于 Landsat ETM+遥感影像研究了中亚 Syrdarya 流域中 Galaba 部分农田小麦和棉花的水分生产力，他们借助 273 个农田调查的作物生物量、叶面积指数、作物产量与 NDVI 的关系估算了研究区的作物产量。Li 等（2008）借助 NOAA/AVHRR 遥感影像和SEBAL 区域模型估算了我国华北平原冬小麦的作物耗水量和水分生产力。

总结国内外的研究现状，作物水分生产力研究的薄弱性主要来源于以下 3 个方面：

（1）水分生产力的估算精度不高。

作物分布信息的提取是研究区域作物水分生产力的关键，若不清楚作物分布的确切信息，也就无法精确估算作物产量和耗水量（Cai and Sharma，2010）。Li 等（2008）借助 NOAA/AVHRR 遥感影像和 SEBAL 区域模型估算了我国华北平原冬小麦的作物耗水量和水分生产力，但是研究中没有考虑作物的空间分布信息，势必影响作物水分生产力的估算精度。

在以往的遥感应用研究中，遥感影像处理与统计数据应用之间经常会出现无法衔接的"缺口"，统计数据只是被用于最后阶段提取的效果验证（McCoy，2004）。遥感技术在作物产量（Yang et al.，2008）和作物水分消耗估算方面展现出了越来越强的优势。常见的遥感单产模型有两大类：一类只用遥感光谱信息与产量建模，另一类将遥感数据与温度、降水、日照、土壤水分等非遥感信息结合使用构建模型（王人潮和黄敬峰，2002；李佛琳等，2005）。按照这个思路，徐新刚等（2008）将作物估产的遥感模型分为产量-遥感光谱指数的简单统计相关模式、潜在-胁迫产量模式、产量构成三要素模式和作物干物质-产量模式。考虑到作物产量和 NDVI 都同时受气候、地形、土壤和灌溉等因素影响，故二者密切相关（Groten，1993；Gonzalez and Mateos，2008）。

蒸散是 SPAS（土壤-作物-大气连续体）中水分循环的重要环节，蒸散量的估算是实施节水计划、农业水资源管理的重要依据。但蒸散模型涉及的参数繁多，在实际应用中难于获取，在从遥感机制角度界定栅格蒸散订正系数计算公式，利用 Penman-Menteith 方法计算参考作物蒸散量的基础上，借助 SEBAL 计算模型估算实际蒸散量，是估算作物实际蒸散量很好的突破口。Hussein 和 Wim（2001）以及 Schmugge 等（1998）利用遥感波谱数据研究了地表参数（表层温度、表面反射率、归一化植被指数 NDVI）的空间变化对区域蒸发的影响；Henk 等（2000）基于非线性算法把从遥感波谱数据获得的表面温度、反射率和 NDVI 进行尺度转换输入地表模型中。Hussein 和 Wim（2001）基于 TM 的参数和其他的 SVAT （soil-vegetation-atmosphere model）参数之间的半经验关系计算 SVAT 参数的空间变异和不同水力单元的相关蒸发量。

（2）黄淮海地区水分生产力时空分异特征研究缺乏。从全球范围来看，作物水分生产力表现出明显的不均衡性（Zwart and Bastiaanssen，2004）。发达国家水稻水分生产力均值为 0.47 kg·m^{-3}，高于发展中国家的 0.09 kg·m^{-3}，在非洲撒哈拉地区最低，水分生产力范围分别为 0.10~0.25 kg·m^{-3}；西欧国家谷物水分生产力在 1.7~2.4 kg·m^{-3}，中国、巴西水分生产力在 1.0~1.7 kg·m^{-3}，美国谷物水分生产力范围为 0.9~1.9 kg·m^{-3}，南亚、中亚、亚撒哈拉非洲中部和北部均低于 0.4 kg·m^{-3}，印度谷物水分生产力范围在 0.2~0.7 kg·m^{-3}。以此类推，黄淮海地区冬小麦水分生产力是否也存在显著的不均衡性？其区域分异特征又是怎样的？了解这种不均衡性或区域分异特征是提升作物水分生产力的基础。

（3）水分生产力的关键影响因素不明确。很多因素会影响水分生产力，但只有对关键因素的调控才是最有效的，因此明确水分生产力的关键影响因素是水分生产力提升的前提。在有关作物水分生产力影响因素研究方面，FAO 评估了非充分灌溉条件下作物水分生产力状况，Chahal 等（2007）通过 CROPMAN 模型研究了印度 Punjab 地区水稻移栽期不同对作物产量、蒸散量和水分生产力以及气候因素对水稻产量的影响，Timsina 等（2005）使用 CSM-Wheat 模型评估了田间管理对大洋洲毛利达令盆地南部小麦水分生产力的影响。但不同区域及气候变化背景下水分生产力的影响因素可能不同，因此辨识黄淮海平原作物水分生产力的关键影响因素，为水分生产力提升研究提供科学依据。

（本节作者：梅旭荣　严昌荣　何文清）

第二节　冬小麦产量的基本特征

过去几十年，我国气候发生了显著变化，太阳辐射呈显著下降趋势（杨建莹等，2011a，2011b）；平均气温呈显著增加趋势，增温幅度略高于全球平均变化水平（秦大河等，2005）；年降水量略有下降，年际波动较大（Liu et al.，2005）。基于这样的气候变化背景下，黄淮海平原作物生理生态特征也必然随之发生改变，而这种改变必然对作物水分生产力产生影响。鉴于此，准确估算黄淮海平原作物水分生产力，明确其时空分异特征，对气候变化背景下，提高该地区农业用水效率，缓解水资源危机，保障国家粮食安全和地区生态安全具有重要意义。

本节借助作物生育期内的 NDVI 值，将基于作物分布信息的县级行政单元 NDVI 与对应的粮食产量进行耦合，得到了基于独立栅格单元的作物产量栅格图；借助黄淮海平原作物实际蒸散量的估算结果，计算生成了基于独立栅格单元的冬小麦水分生产力。

黄淮海平原是我国主要粮食基地之一，其粮食生产在国民经济中的地位举足轻重。根据统计资料，黄淮海地区 3 个分析时期冬小麦播种面积和总产量呈递增趋势。2002 年冬小麦播种面积为 1407.90 万 hm²，总产量为 6480.13 万 t，平均单产为 4602.69 kg·hm⁻²；2007 年播种面积增加至 1558.51 万 hm²，总产 8485.26 万 t，平均单产提高至 5444.47 kg·hm⁻²。至 2012 年，冬小麦播种面积增加至 1670.67 万 hm²，总产 9116.95 万 t，平均单产提高至 5457.06 kg·hm⁻²（表 7-1）。

表 7-1　黄淮海平原冬小麦产量的基本特征

Table 7-1　The information of winter wheat yield in the Huang-Huai-Hai Plain

作物 Crop	年份 Year	播种面积 Cultivated area（万 hm²）	总产 Total yield（万 t）	单产 Per unit yield（kg·hm⁻²）
冬小麦 Winter wheat	2002 年	1407.90	6480.13	4602.69
	2007 年	1558.51	8485.26	5444.47
	2012 年	1670.67	9116.95	5457.06

对以县（区）为统计单位的冬小麦作物单产进行矢量化，得到了基于行政县（区）统计的冬小麦产量数据。2002 年、2007 年和 2012 年 3 个冬小麦生长季对比发现，冬小麦单产呈现增加趋势，冬小麦则以河北、山东、河南地区单产较高，以县（区）为单位统计，冬小麦单产最高县（区）可达 400 kg·亩⁻¹。由图 7-1 可以看出，基于行政县（区）统计的冬小麦单产数据不能精细地刻画出粮食产量的空间分异性，按行政区划单元发布的社会经济统计数据缺乏对统计指标空间分布特征的描述。基于统计数据的作物单产矢量化只能反映行政区域之间的差异，而行政区域内部的要素空间差异性被掩盖。

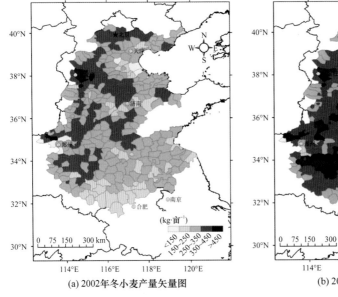

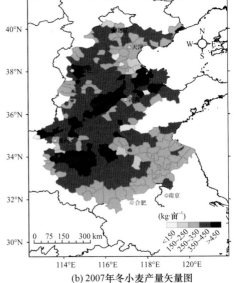

(a) 2002年冬小麦产量矢量图　　　　　(b) 2007年冬小麦产量矢量图

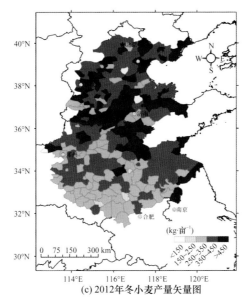

(c) 2012年冬小麦产量矢量图

图 7-1 黄淮海平原冬小麦产量矢量分布图

Figure 7-1 Vector diagram of winter wheat yield in the Huang-Hai-Hai Plain

（本节作者：杨建莹 严昌荣 刘恩科）

第三节 冬小麦栅格产量特征

粮食产量空间化的目的是把按行政区统计的粮食产量以一定的规则分解到每一个栅格中去。主要分为以下几个步骤：首先，提取县域尺度的 MODIS NDVI 光谱，得到黄淮海地区 347 个县（区）MODIS NDVI 光谱序列；其次，将得到的黄淮海地区 347 个县（区）MODIS NDVI 光谱序列与统计数据作物单产进行耦合；再次，以县（区）为单位的 MODIS NDVI 光谱序列与作物单产进行回归分析，得到回归方程；最后，在作物信息提取基础上，将 MODIS NDVI 遥感影像代入回归方程，得到基于独立像元的作物产量栅格图。

一、省域尺度的 MODIS NDVI 光谱特征

基于冬小麦种植信息空间分布，对黄淮海平原内 347 个县（区）内冬小麦 MODIS NDVI 进行提取，得到了县域尺度的 2002 年、2007 年和 2012 年冬小麦生长季光谱特征曲线。以省（直辖市）为单位对县域尺度 MODIS NDVI 进行整合，得到了省域尺度可视化 MODIS NDVI 光谱特征，如图 7-2 所示。由图可见，2001~2002 年，黄淮海平原的河南和安徽部分冬小麦平均 NDVI 指数最高，光谱特征曲线比较类似，都在第 81 天达到峰值，其次是山东和河北，在第 113 天达到最高值，再次是北京

和天津，在第 145 天达到最高值。2006~2007 年黄淮海平原江苏、河南和安徽部分冬小麦平均 NDVI 指数最高，在第 113 天达到峰值，其次是山东和河北，在第 113 天达到最高值，再次是北京和天津，同样在第 145 天达到最高值。2011~2012 年黄淮海平原江苏、河南和安徽部分冬小麦平均 NDVI 指数最高，在第 129 天达到峰值，其次是山东和河北，以及北京和天津，都是在第 129 天达到最高值。

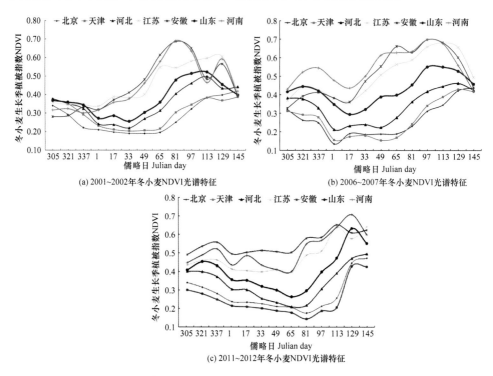

图 7-2　黄淮海平原省域尺度的 MODIS NDVI 光谱特征

Figure 7-2　Spectral signature of MODIS NDVI based on provinces in the Huang-Huai-Hai Plain

二、回归方程构建

回归分析是研究因变量（Y）和自变量（X）之间变动比例关系的一种方法，在实际研究中，影响因变量 Y 的因素可能有很多，而这些因素之间又可能存在多重共线性，利用多元回归分析法，可以有效地反映众多因素 X 对 Y 变量的贡献，在它们和 Y 的观测数据基础上建立最优的回归方程（唐启义等，2007）。充分考虑各阶段作物长势对作物产量的影响，以回归分析为基础对产量进行栅格化。作物单产（Y）为因变量，对应的 MODIS NDVI 为自变量进行多元回归分析，X_1 为儒略日第 177 天，X_2 儒略日第 193 天，以此类推。获取计算研究区冬小麦产量栅格面的代数方程。各回归方程均达到 $P<0.01$ 显著水平。

2002 年冬小麦单产回归方程：

$$Y_4 = 144.25 + 634.55 \times X_7 - 199.21 \times X_8 + 54.07 \times X_9 - 172.22 \times X_{10} -$$
$$314.92 \times X_{11} - 151.19 \times X_{12} + 194.41 \times X_{13} - 303.19 \times X_{14} + 328.37 \times$$
$$X_{15} + 15.49 \times X_{16} - 29.10 \times X_{17} + 245.12 \times X_{18} - 54.71 \times X_{18}$$

2007 年冬小麦单产回归方程：

$$Y_5 = 286.61 + 31.46 \times X_7 + 1.52 \times X_8 + 473.76 \times X_9 - 58.36 \times X_{10} +$$
$$25.55 \times X_{11} - 450.40 \times X_{12} + 133.10 \times X_{13} - 95.59 \times X_{14} + 299.41 \times$$
$$X_{15} - 94.72 \times X_{16} - 175.80 \times X_{17} + 218.98 \times X_{18} - 150.47 \times X_{19}$$

2012 年冬小麦单产回归方程：

$$Y_6 = 290.80 + 63.83 \times X_7 - 131.06 \times X_8 + 245.62 \times X_9 - 117.57 \times$$
$$X_{10} + 222.57 \times X_{11} + 35.080 \times X_{12} + 60.63 \times X_{13} - 740.41 \times X_{14} +$$
$$0.76 \times X_{15} + 128.38 \times X_{16} + 54.420 \times X_{17} - 22.22 \times X_{18} - 61.28 \times X_{19}$$

三、冬小麦产量栅格化

基于 MODIS NDVI 光谱曲线特征及各行政县（区）单产统计数据，通过 MODIS NDVI "解集"到基于像元大小的产量栅格图，完成冬小麦产量空间化。结合作物信息提取的结果，空间化后形成了 1 km×1 km 空间分辨率的粮食产量栅格数据。栅格数据克服了行政区的限制，很好地展现了粮食产量的空间分布特征（图 7-3）。

2002 年冬小麦单位面积产量一般在 250~400 kg·亩$^{-1}$，高值区域位于河北南部、山东以及河南东北部地区，在 400 kg·亩$^{-1}$ 以上，单产较低的区域位于安徽、江苏以及河南西南地区，不足 200 kg·亩$^{-1}$。2007 年冬小麦单产整体有所提高，一般在 350~450 kg·亩$^{-1}$，河北、河南、山东等地冬小麦单产一般在 400 kg·亩$^{-1}$ 以上，部

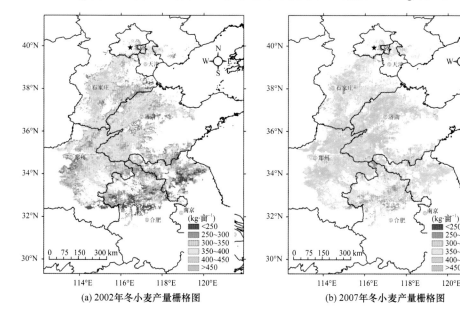

(a) 2002年冬小麦产量栅格图　　　　　　(b) 2007年冬小麦产量栅格图

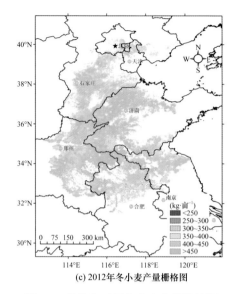

(c) 2012年冬小麦产量栅格图

图 7-3　黄淮海平原冬小麦产量栅格图

Figure 7-3　Raster diagram of winter wheat yield in the Huang-Huai-Hai Plain

分地区可达 450 kg·亩$^{-1}$，是冬小麦的高产区域。至 2012 年，黄淮海大部分地区冬小麦单产在 400 kg·亩$^{-1}$ 以上，高产区域位于山东、河南地区，以及两省交界处冬小麦单产可达 450kg·亩$^{-1}$ 以上。

利用差减法，得到冬小麦产量变化的空间特征（图 7-4）。2007 年与 2002 年

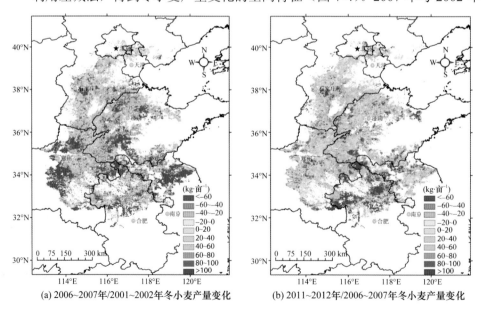

(a) 2006~2007年/2001~2002年冬小麦产量变化　　(b) 2011~2012年/2006~2007年冬小麦产量变化

图 7-4　黄淮海平原冬小麦产量变化空间分布

Figure 7-4　Spatial characteristics in yield change for winter wheat in the Huang-Huai-Hai Plain

相比，黄淮海平原大部分地区冬小麦产量有所提高，提高幅度一般在 20 kg·亩$^{-1}$ 以上，提高幅度较大的区域主要位于河南、山东和江苏等地，一般在 40 kg·亩$^{-1}$ 以上，最高可达 100 kg·亩$^{-1}$。极小部分区域产量有所下降，但是下降幅度不足 20 kg·亩$^{-1}$。与 2007 年相比，2012 年冬小麦产量大部分地区得到提升，但提升幅度相比上一阶段略有减少，大部分地区提高幅度在 20~60 kg·亩$^{-1}$，提高幅度较大的区域位于安徽境内，在 40~80 kg·亩$^{-1}$，最高可提高 100 kg·亩$^{-1}$。

（本节作者：杨建莹　严昌荣　刘　勤）

第四节　冬小麦水分生产力分异特征

一、不同时期冬小麦水分生产力估算

2002 年黄淮海平原大部分地区冬小麦水分生产力在 0.9 kg·m^{-3} 以下，区域平均值为 0.81 kg·m^{-3}，高值区域主要集中在山东东部和河北中部地区，可达 0.9 kg·m^{-3}，河南、江苏及安徽等地不足 0.9 kg·m^{-3}。2007 年冬小麦水分生产力与 2002 年相比有明显提高，大部分地区可达 1.0 kg·m^{-3} 以上，区域平均值为 1.09 kg·m^{-3}，高值区域主要分布在山东东部、河南以及河北境内，平均值在 1.1 kg·m^{-3} 以上，部分可达 1.2 kg·m^{-3}，而安徽以及山东与河南两省交界处相对较低，部分地区不足 0.9 kg·m^{-3}。2012 年冬小麦水分生产力与 2007 年相比也有大幅度的提升，区域均值为 1.21 kg·m^{-3}。高值区域主要位于北京、天津、山东、河北等地，冬小麦水分生产力可达 1.2 kg·m^{-3}，而山东菏泽和河南开封地区冬小麦水分生产力相对较低，小部分地区不足 1.0 kg·m^{-3}。总体来说，北京、天津、山东以及河北地区是冬小麦水分生产力的高值区域（图 7-5）。

本研究中黄淮海平原 3 个时间段冬小麦水分生产力的模拟结果与陈超等（2009）利用的 APSIM 模型估算华北平原充分灌溉下的结果基本一致（小麦 1.53 kg·m^{-3}）。黄淮海平原小麦—玉米周年生产体系中，年降水仅能满足农业用水的 65%左右，亏缺部分主要依靠地下水灌溉（梅旭荣等，2013）。

二、冬小麦水分生产力时空变异特点

利用差减法，得到冬小麦水分生产力的空间变化特征（图 7-6）。2007 年与 2002 年相比，大部分地区冬小麦水分生产力得到提升，提升幅度一般在 0.1~0.6 kg·m^{-3}，提升幅度较高的区域主要位于河南和江苏地区，一般在 0.3 kg·m^{-3} 以上，最高可达 0.6 kg·m^{-3}；河北、安徽南部地区提升幅度较小，一般不足 0.1 kg·m^{-3}。与 2007

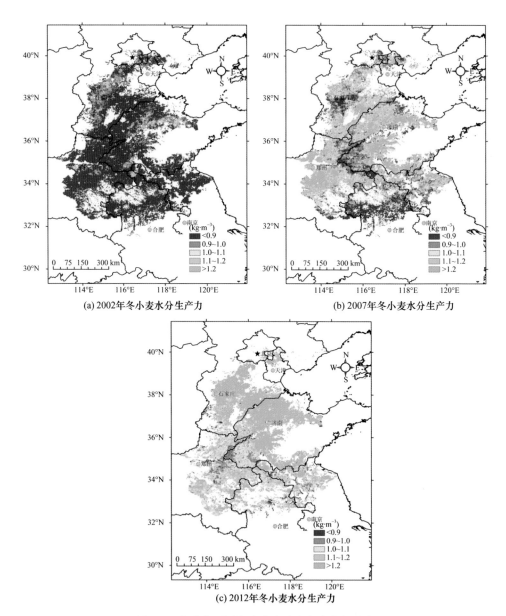

(a) 2002年冬小麦水分生产力　　(b) 2007年冬小麦水分生产力

(c) 2012年冬小麦水分生产力

图 7-5　黄淮海平原冬小麦水分生产力空间分布

Figure 7-5　Spatial pattern in water productivity for winter wheat in the Huang-Huai-Hai Plain

年相比，2012 年冬小麦水分生产力表现出明显的区域不均匀性，北京、天津、河北及山东北部地区有明显提升，提升幅度可达 0.6 kg·m^{-3}；但是，河南、山东西南部和江苏北部地区冬小麦水分生产力下降，其中河南郑州地区下降幅度可达 0.2 kg·m^{-3}，是 2012 年下降最为严重的地区。总体来说，河北中北部、山东中北部地区冬小麦水分生产力表现出稳定且持续提升外，黄淮海平原大部分地区在这 3 个时间阶段则表现出较大的波动性。

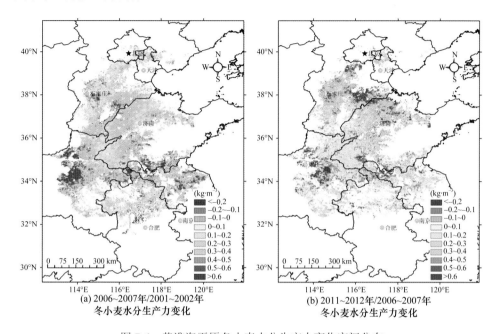

(a) 2006~2007年/2001~2002年
冬小麦水分生产力变化

(b) 2011~2012年/2006~2007年
冬小麦水分生产力变化

图 7-6　黄淮海平原冬小麦水分生产力变化空间分布

Figure 7-6　Spatial characteristics of water productivity change for winter wheat in the Huang-Huai-Hai Plain

（本节作者：杨建莹　梅旭荣　刘　勤）

第五节　水分生产力影响因素研究

一、冬小麦水分生产力与实际蒸散量和产量的相关关系

2001~2001 年、2006~2007 年和 2011~2012 年 3 个阶段冬小麦水分生产力表现出不同的区域分异特征。区域上作物水分生产力高的原因，可能有①作物生长季内蒸散量不变，产量增加；②产量不变，作物生长季内蒸散量减少；③作物生长季内蒸散量和产量均增加，但是产量增加速率大于作物生长季蒸散量增加速率；④作物生长季内蒸散量和产量均减少，但是作物生长季蒸散量减少速率大于产量减少速率，反之亦然。为了分析冬小麦水分生产力的影响因素，以黄淮海平原 6 个农业亚区为单元，分别对冬小麦水分生产力和冬小麦产量以及实际蒸散量进行相关分析，分析结果表明，在环渤海山东半岛滨海外向型二熟农渔区（1 区）、海河低平原缺水水浇地二熟兼旱地一熟区（3 区）和黄淮平

原南阳盆地水浇地旱地二熟区（5区），冬小麦实际蒸散量和水分生产力呈负相关，但是不显著，而冬小麦产量与水分生产力呈显著正相关，说明随着冬小麦产量的增加，水分生产力增加。在燕山太行山山前平原水浇地二熟区（2区），冬小麦水分生产力与实际蒸散量呈显著负相关（$P<0.01$），与产量呈显著正相关（$P<0.01$），表明水分生产力将随着实际蒸散量的减少和产量的增加而增大，同时产量增加对水分生产力提高的贡献大于实际蒸散量的减少。在江淮平原丘陵麦稻两熟区（6区），冬小麦水分生产力与实际蒸散量呈显著负相关，与产量相关关系不明显，说明在黄淮海平原南部水分生产力的提高主要依靠实际蒸散量的减少（图7-7）。

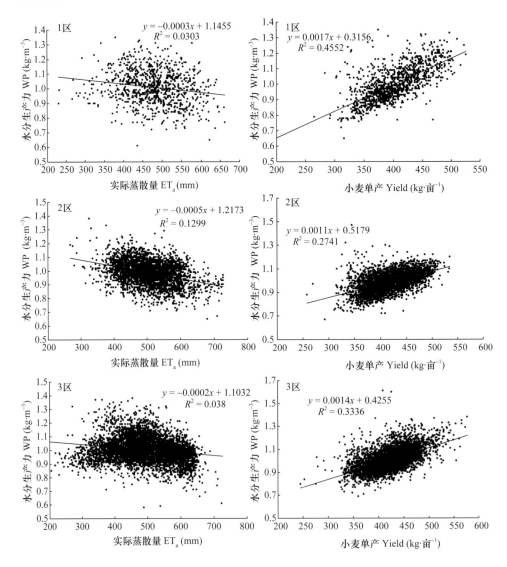

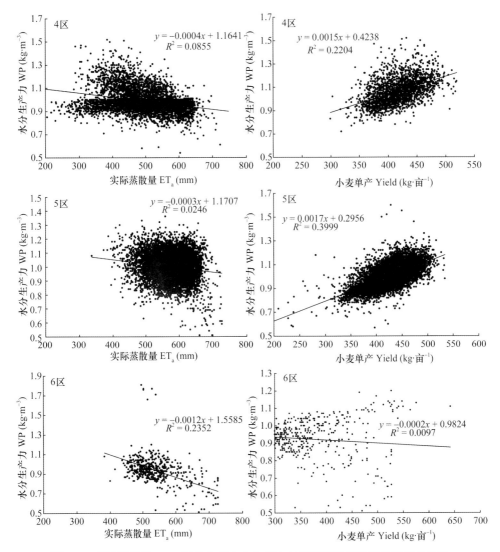

图 7-7　黄淮海平原 2012 年冬小麦水分生产力与实际蒸散和产量的相关关系

Figure 7-7　The correlation of water productivity with ET_a and yield for winter wheat in 2012 in the Huang-Huai-Hai Plain

二、冬小麦水分生产力与降水盈亏量的相关关系

作物水分生产力受多种气候因子的综合作用，单一气象因子对作物水分生产力的影响很难量化评估。利用 2001~2002 年、2006~2007 年和 2011~2012 年冬小麦作物水分生产力空间分异数据，以及降水（P）与蒸散量（ET_a）数据，尝试用相关分析方法，揭示降水盈亏对作物水分生产力的影响。

2007 年、2012 年冬小麦水分生产力与降水盈亏量呈显著正向相关关系

（P<0.05），其变化速率分别为 0.0009 和 0.0018，而 2002 年没有发现冬小麦水分生产力与降水盈亏量间存在显著相关关系。由于黄淮海平原降水的不均匀性，降水资源集中在夏季（7~9 月），因此冬小麦生长季内降水亏缺严重，需要补充灌溉以维持作物生长。相同降水亏缺量下，2012 年冬小麦水分生产力较高。另外，2012年冬小麦水分生产力随降水盈亏量的变化速率较高，这表明，同样的水分亏缺缓解度下，2012 年冬小麦水分生产力的提升空间更大（图 7-8）。

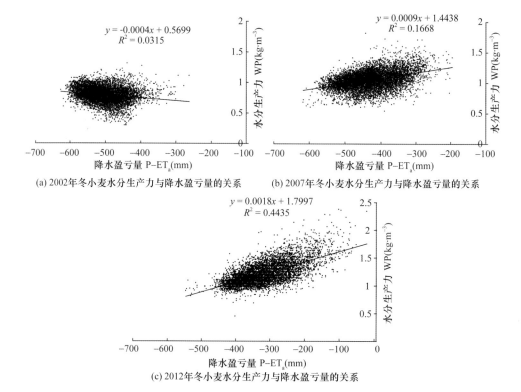

(a) 2002年冬小麦水分生产力与降水盈亏量的关系　　(b) 2007年冬小麦水分生产力与降水盈亏量的关系

(c) 2012年冬小麦水分生产力与降水盈亏量的关系

图 7-8　冬小麦水分生产力与降水盈亏量的关系

Figure 7-8　The correlation between crop water productivity and precipitation deficit for winter wheat in the Huang-Huai-Hai Plain

三、冬小麦水分生产力与需水盈亏量的相关关系

由冬小麦水分生产力与需水盈亏量（ET_a-ET_c）的关系可以看出冬小麦水分生产力与 ET_a-ET_c 呈显著负相关（P <0.01），随着 ET_a-ET_c 值的增加，冬小麦水分生产力逐渐减少。2002 年、2007 年和 2012 年冬小麦水分生产力随 ET_a-ET_c 的变化速率分别为-0.0005、-0.0009 和-0.0017。当 $ET_a-ET_c>0$ 时，说明冬小麦生育期内实际耗水大于作物需水。2002 年和 2007 年冬小麦生长季期间，黄淮海平原降水资源不足出现水分亏缺，补充灌溉的不合理，使实际耗水量大于需水量，造成了

水资源的浪费，降低了冬小麦水分生产力。冬小麦是高耗水作物，而黄淮海平原由于不合理的灌溉措施和灌溉制度，造成的冬小麦生长季内水资源的浪费高于其他作物（图7-9）。

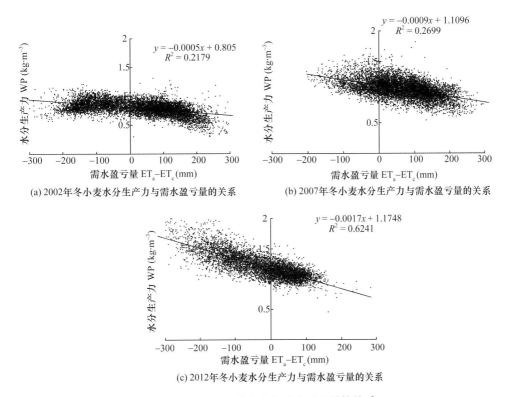

(a) 2002年冬小麦水分生产力与需水盈亏量的关系

(b) 2007年冬小麦水分生产力与需水盈亏量的关系

(c) 2012年冬小麦水分生产力与需水盈亏量的关系

图 7-9　冬小麦水分生产力与需水盈亏量的关系

Figure 7-9　The correlation between water productivity and water demand deficit for winter wheat in the Huang-Huai-Hai Plain

四、冬小麦水分生产力与相对湿润指数的相关关系

为了分析冬小麦水分生产力的影响因素，以黄淮海平原6个农业亚区为单元，分别对冬小麦水分生产力和冬小麦生长季相对湿润指数进行相关分析，分析结果表明，在环渤海山东半岛滨海外向型二熟农渔区（1区）、燕山太行山山前平原水浇地二熟区（2区）、海河低平原缺水水浇地二熟兼旱地一熟区（3区）和鲁西平原鲁中丘陵水浇地旱地二熟区（4区）相对湿润指数和水分生产力呈负相关，只在4区两者的相关关系呈极显著，说明在冬小麦生长季随着相对湿润指数的增加（干旱减轻），冬小麦水分生产力增加。在黄淮平原南阳盆地水浇地旱地二熟区（5区）和江淮平原丘陵麦稻两熟区（6区），冬小麦生长季实际蒸散量和水分生产力呈正相关，但是相关关系不显著（图7-10）。

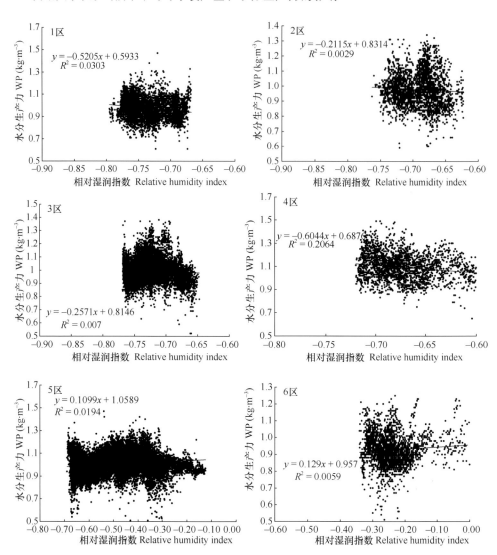

图 7-10　黄淮海平原 2012 年冬小麦水分生产力与相对湿润指数的相关关系

Figure 7-10　The correlation of water productivity with the relative humidity index for winter wheat in 2012 in the Huang-Huai-Hai Plain

（本节作者：刘　勤　居　辉　杨建莹）

第六节　冬小麦水分生产力可能提升途径

　　一般而言，作物产量受多种因素影响，如作物品种、土壤条件、田间管理、先进技术的应用等，作物产量的提高往往需要多年的生产实践，因此需要在维持高产的前提下，大幅度减少作物蒸散量。通过调节农田水分状况，降低降水亏缺量，合理灌溉，防止不合理灌溉导致的农业水资源浪费，来达到提高作物水分生产力的目的。

　　根据上一节的相关分析数据，提取了冬小麦水分生产力提升潜力较大的区域。冬小麦水分生产力提升潜力较大的区域主要位于黄淮海平原的中南部地区，包括河南东部、山东西南部以及江苏北部地区。上述区域作物生育期内降水亏缺量较大，且由于不合理灌溉造成的多余水资源投入较大，因此具有较大的提升空间（图 7-11）。

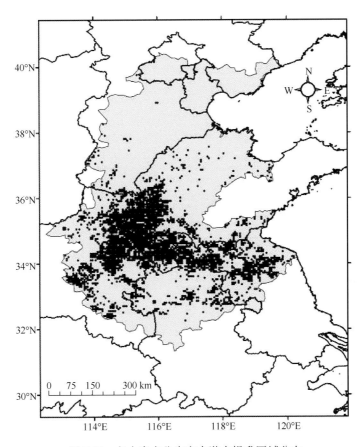

图 7-11　冬小麦水分生产力潜力提升区域分布

Figure 7-11　The spatial distribution of potential area for water productivity of winter wheat

　　第一，减少作物实际蒸散量。

　　（1）减少作物奢侈蒸腾。

　　植物的叶片上有很多气孔，这些气孔不仅是植物体与外界进行气体交换的"窗口"，而且是散失体内水分的"门户"。水分以气体状态从体内散发到体外的过程为蒸腾。研究表明，目前黄淮海平原冬小麦—夏玉米周年生产体系中，作物蒸腾耗水约占农田蒸散的70%（Liu et al.，2002）。作物叶片的光合速率与蒸腾速率对气孔开度的反应不同，光合速率随气孔开度增加而增加，但当气孔开度达到某一值时，光合速率增加不再明显，而蒸腾速率则随气孔开度增大而线性增加。其中光合速率达到最高时的蒸腾速率为临界值，超出该值即为奢侈蒸腾（Jones，1976；梅旭荣等，2013）。如何降低作物奢侈蒸腾，提高水分利用效率是近年来的研究热点。Davies 和 Zhang（1991）发现作物通过根系感知干旱，通过干旱信号传递调节气孔开度来降低奢侈蒸腾。Kang 等（1998）提出了根区局部交替灌溉理论和方法，可以降低作物耗水且维持产量基本不变。Chalmers 等（1986）提出调亏灌溉的理论，以作物与水分关系为基础，在作物的某一（些）阶段有目的地使其产生一定的水分亏缺，而对作物产量没有不利影响，从而达到节水、高产和提高作物水分利用效率。Kang 等（2000）将此方法应用到玉米上，在产量不变的前提下节水 20%。适时适度的水分调亏显著抑制蒸腾速率，小麦降幅为 16.59%~64.15%，玉米降幅为 27.76%~50.59%，冬小麦调亏时度是三叶—越冬期，调亏度为 40%~60%田间持水量，历时 40 d；或越冬—返青期，调亏度为 40%~55%，历时 25 d；夏玉米调亏度则为苗期中轻度亏水，调亏度 45%~65%，历时 21 d；拔节期轻度亏水，调亏度 60%~65%，历时 21 d，这样不仅使产量不会降低，而且会大幅度提高水分利用效率（王和洲和张晓萍，2001）。

（2）有效降低土壤表面蒸发耗水。

土壤蒸发（evaporation from soils）是指土壤中的水分通过上升和汽化从土壤表面进入大气的过程。土壤蒸发影响土壤含水量的变化，是水文循环的一个重要环节。黄淮海平原土壤表面蒸发量占总蒸散量的30%左右（Wang et al.，2001）。这部分水属于非生产性耗水，既不参与作物光合作用，也不参与蒸腾作用。研究表明，通过品种改善、灌溉、施肥等措施调控作物生长发育、群体动态和生理响应特性（如根系活性、光合性能等），能合理调节作物生长发育，改变农田水分传输过程，从而提高农田水分生产力（山仑和陈培元，1998，2004；梅旭荣等，2013）。同时，松土掩护，促进表层土壤快干，形成干土掩护层，同时切断下层土壤与地表的毛细管联系，减少下层水分向上补给量，能减小蒸发强度。通过改变土壤入渗率、蓄水能力、蒸发等，改变土壤-植物-大气系统中水分传输、转化过程和能量平衡特征，进而提高作物水分利用效率。用麦秆、树叶、稻草、厩肥等覆盖地表，防止日光直接照射和风吹。把聚合电解质溶液加入土壤，改变土壤水分特性，也可减少蒸发。

第二，优化灌溉制度。

传统灌溉的目标主要通过供给作物生长适宜的水分，来获得作物的高产。在非充分灌溉条件下的灌溉制度，主要是依据作物生长季的需水规律，将有限的灌溉水量在作物生长季内进行最优化分配（沈荣开等，1995）。在水资源匮乏的地区，通过建立合理的作物产量与灌溉水量之间的相关关系式，力求在水分利用效率（WUE）-产量（yield）-经济效益（economic-benefits）三方面达到最优配置（康绍忠和党育红，1987）。优化灌溉制度定义为在限水量灌溉条件下，为实现作物优质、丰产目标，对灌水量在不同地区、不同作物和作物不同生育阶段的最优分配方案（崔远来，2000）。有研究表明，冬灌改善了作物生育期间的水分条件，减轻了干旱的影响，使作物群体及个体发育良好，从而更有效地利用水分，改传统春灌为冬灌，灌溉水利用率提高了38.9%（信乃诠等，2002）。对黄淮海平原的主要作物小麦而言，播种期、拔节到孕穗期以及灌浆期是小麦的关键生育期，补充灌溉对小麦生长发育影响较大。在拔节后期到孕穗期为小麦的需水临界期，如果此时期供应水分不足，会导致不孕，影响产量。灌浆期是小麦整个生长季内需水最多的时期，水分不足会使粒小而瘪（金善宝，1996）。拔节到抽穗期如果发生水分胁迫，冬小麦减产幅度最大，灌浆期水分亏缺也可造成小麦减产（吕丽华等，2007）。灌浆期干旱明显影响小麦的灌浆速率，而且使小麦灌浆时间缩短（房稳静等，2006；吴少辉等，2002）。也有研究表明，苗期补灌会增加作物的耗水量，日耗水量最大的时期不在拔节抽穗期和灌浆期，而是在花期，花期耗水强度大，是保证水分供应的重要时期。随着农业现代化的发展，黄淮海地区各地水利设施逐渐完善，灌溉方式逐渐改善，产量也大幅度增长（王石立和娄秀荣，1997）。但是在农业生产过程中，由于灌溉用水存在用水量过大、农业用水效率低等相关问题，造成了农业水资源的严重浪费（何希吾，1991；李英能，1993；张秋平等，2008）。因此，针对黄淮海平原农业用水的实际情况，应合理规划利用农业水资源，实现农业水资源的可持续发展。

（本节作者：梅旭荣　刘　勤　杨建莹）

第七节　小　　结

基于县域单元产量统计资料和作物生长季内的MODIS NDVI值，实现了冬小麦产量的栅格化，2000~2001年、2005~2006年、2010~2011年冬小麦单产为332.0 kg/亩、380.9 kg/亩和420.8 kg/亩，高值区位于山东和河南，单产递增的区域位于山东中北部和苏北地区。基于MODIS NDVI光谱曲线特征及各行政区县单产统计数据，通过MODIS NDVI "解集"到基于像元大小的产量栅格图，完成冬小麦产量空间化。结合作物信息提取的结果，空间化后形成了1 km×1 km空间分辨率的粮食产量网格数据。网格数据克服了行政区的限制，很好地展现了粮食产量的空间分布特征。黄淮海地区粮食生产呈逐年增加的趋势。2001~2002冬小麦产量一般在250~400 kg·亩$^{-1}$，高值区域位于河北南部、山东以及河南东北部地区。2006~2007年冬小麦单产整体有所提高，冬小麦单位面积产量一般在350~450 kg·亩$^{-1}$，河北、河南、山东等地是冬小麦的高产区域。至 2011~2012 年，黄淮海大部分地区冬小麦单产在 400 kg·亩$^{-1}$ 以上，高产区域位于山东、河南地区。

在完成 3 个时期冬小麦实际蒸散量估算和产量栅格化的基础上，探明了冬小麦水分生产力时空分异特征。3 个时期冬小麦水分生产力为 0.81 kg·m^{-3}、1.09 kg·m^{-3} 和 1.21 kg·m^{-3}，高值区主要位于山东，水分生产力一直增加的区域位于河北和山东中北部地区。2001~2002 年黄淮海平原大部分地区冬小麦水分生产力在 0.9 kg·m^{-3} 以下，区域冬小麦水分生产力平均值为 0.81 kg·m^{-3}，高值区域集中在山东东部和河北中部地区；2006~2007 年，区域冬小麦水分生产力平均值为 1.09 kg·m^{-3}，高值区域主要分布在山东东部、河南以及河北境内；2011~2012 年冬小麦水分生产力均值为 1.21 kg·m^{-3}，高值区域位于北京、天津、山东及河北地区。除河北中北部、山东中北部地区冬小麦水分生产力表现出稳定且持续提升外，黄淮海平原大部分地区冬小麦水分生产力在这 3 个时间阶段则表现出较大的波动性。

通过分析 3 个时期冬小麦水分生产力与相应的 P–ET$_c$（降水盈亏量）和 ET$_a$–ET$_c$（需水盈亏量）的相关关系，尝试识别了冬小麦水分生产力的关键影响因素。冬小麦水分生产力均表现出与降水盈亏量和需水亏缺量呈显著正向、负向相关关系。另外分析了冬小麦水分生产力与冬小麦产量、实际蒸散量和相对湿润指数的相关关系。水分生产力提升潜力较大的区域分别位于黄淮海平原中南部地区和西部地区，可通过调节植物蒸腾、减少土面蒸发和优化灌溉制度，减少水资源的不合理利用。2006~2007 年，黄淮海平原冬小麦水分生产力的区域变异性，主要是由该阶段冬小麦产量的区域变异性决定的；2011~2012 年冬小麦水分生产力的提升是蒸散量和产量提高共同作用的结果。作物水分生产力与降水盈亏量呈显著正向相关关系（$P<0.05$），随着降水水分亏缺状况的逐渐缓解，水分生产力显著提高；作物水分生产力与 ET$_a$–ET$_c$ 呈显著负相关（$P<0.05$），随着 ET$_a$–ET$_c$ 值的增加，作物水分生产力逐渐减少。冬小麦产量与水分生产力呈显著正相关，说明随着冬小麦产量的增加，水分生产力增加。在燕山太行山山前平原水浇地二熟区（2区），冬小麦水分生产力与实际蒸散量呈显著负相关（$P<0.01$），与产量呈显著正相关（$P<0.01$），表明水分生产力将随着实际蒸散量的减少和产量的增加而增大，同时产量增加对水分生产力提高的贡献大于实际蒸散量的减少。在江淮平原丘陵麦稻两熟区（6区），冬小麦水分生产力与实际蒸散量呈显著负相关，与产量相关关系不明显，说明在黄淮海平原南部水分生产力的提高主要依靠实际蒸散量的减少。只在鲁西平原鲁中丘陵水浇地旱地二熟区（4 区）冬小麦水分生产力与相对湿润指数的相关关系呈极显著，说明在冬小麦生长季随着相对湿润指数的增加（干旱减轻），冬小麦水分生产力增加。冬小麦水分生产力提升潜力较大的区域主要位于黄淮海平原的中南部地区。针对黄淮海平原的农田水分收支的实际情况，提出的提高作物水分生产力的措施包括：第一，通过调节植物蒸腾、减少土面蒸发来减少作物实际蒸散量；第二，优化灌溉制度，减少水资源的不合理利用。

参 考 文 献

陈超, 于强, 王恩利, 等. 2009. 华北平原作物水分生产力区域分异规律模拟. 资源科学, 9: 1477-1485.

崔远来. 2000. 非充分灌溉优化配水技术研究综述. 灌溉排水, 19(1): 66-70.

房稳静, 张雪芬, 郑有飞. 2006. 冬小麦灌浆期干旱对灌浆速率的影响. 中国农业气象, 27(2): 98-101.

冯奇, 吴胜军. 2006. 我国农作物遥感估产研究进展. 世界科技研究与发展, 3: 32-36

何希吾. 1991. 水资源在提高我国土地生产能力中的地位和作用. 自然资源学报, 6(2): 137-144.

胡云峰, 王倩倩, 刘越, 等. 2011. 国家尺度社会经济数据格网化原理和方法. 地球信息科学学报, 13(5): 573-578.

金善宝. 1996. 中国小麦学. 北京: 中国农业出版社.

康绍忠, 党育红. 1987. 作物水分生产函数与经济用水灌溉制度的研究. 西北水利科技, 1: 1-11.

李佛琳, 李本逊, 曹卫星. 2005. 作物遥感估产的现状及其展望. 云南农业大学学报, 20(5): 680-684.

李英能. 1993. 华北地区节水农业标准初探. 灌溉排水, 1: 1-6.

刘红辉, 江东, 杨小唤, 等. 2005. 基于遥感的全国 GDP 1km 格网的空间化表达. 地球信息科学, 7(2): 120-123.

刘忠, 李保国. 2012. 基于土地利用和人口密度的中国粮食产量空间化. 农业工程学报, 28(9): 1-8.

吕丽华, 胡玉昆, 李雁鸣, 等. 2007. 灌水方式对不同小麦品种水分利用效率和产量的影响. 麦类作物学报, 27(1): 88-92.

吕庆喆. 2001. 农作物遥感估产方法介绍(上). 中国统计, 5: 56-57.

梅旭荣, 康绍忠, 于强, 等. 2013. 协同提升黄淮海平原作物生产力与农田水分利用效率途径. 中国农业科学, 6: 008.

秦大河, 丁一汇, 苏纪兰, 等. 2005. 中国气候与环境演变评估(I): 中国气候与环境变化及未来趋势. 气候变化研究进展, 1(1): 4-9.

山仑, 陈培元. 1998. 旱地农业生理生态基础. 北京: 科学出版社.

沈荣开, 张瑜芳, 黄冠华. 1995. 作物水分生产函数与农田非充分灌溉研究述评. 水科学进展, 6(3): 248-253.

王和洲, 张晓萍. 2001. 调亏灌溉条件下的作物水分生态生理研究进展. 灌溉排水, 20(4): 73-75.

王人潮, 黄敬峰. 2002. 水稻遥感估产. 北京: 中国农业出版社.

王石立, 娄秀荣. 1997. 华北地区冬小麦干旱风险评估的初步研究. 自然灾害学报, 6(3): 63-68.

吴少辉, 高海涛, 王书子, 等. 2002. 干旱对冬小麦粒重形成的影响及灌浆特性分析. 干旱地区农业研究, 20(2): 50-52.

信乃诠, 张燕卿, 王立祥. 2002. 中国北方旱区农业研究. 北京: 中国农业出版社: 3-30.

徐新刚, 吴炳方, 蒙继华, 等. 2008. 农作物单产遥感估算模型研究进展. 农业工程学报, 24(2): 290-298.

阎雨, 陈圣波, 田静, 等. 2004. 卫星遥感估产技术的发展与展望. 吉林农业大学学报, 26(2): 187-196.

杨建莹, 梅旭荣, 严昌荣, 等. 2011a. 华北地区气候资源空间分布特征. 中国农业气象, 31(S1): 1-5

杨建莹, 梅旭荣, 严昌荣, 等. 2011b. 近 48a 华北区太阳辐射量时空格局变化特征研究. 生态学报, 31(10): 2748-2756.

易玲, 熊利亚, 杨小唤. 2006. 基于 GIS 技术的 GDP 空间化处理方法. 甘肃科学学报, 18(2): 54-58.

张晶, 吴绍洪, 刘燕华, 等. 2007. 土地利用和地形因子影响下的西藏农业产值空间化模拟. 农业工程学报, 23(4): 59-65.

张秋平, 郝晋珉, 白玮. 2008. 黄淮海地区粮食生产中的农业水资源经济价值核算. 农业工程学报, 24(2): 1-5.

钟凯文, 黎景良, 张晓东. 2007. 土地可持续利用评价中 GDP 数据空间化方法的研究. 测绘信息与工程, 32(3): 10-12.

Alexander P, Prasad S T, Chandrashekhar M B, et al. 2008. Water productivity mapping(WPM)using Landsat ETM+ data for the irrigated croplands of the Syrdarya River Basin in Central Asia. Sensors, 8: 8156-8180.

Cai X L, Sharma B R. 2010. Integrating remote sensing, census and weather data for an assessment of rice yield, water consumption and water productivity in the Indo-Gangetic river basin. Agricultural Water Management, 97: 309-316.

Chahal G B, Anil S, Jalota S K, et al. 2007. Yield, evapotranspiration and water productivity of rice(*Oryza sativa* L.)wheat(*Triticum aestivum* L.)system in Puniab(India)as influenced by transplanting date of rice and weather parameters. Agricultural Water Management, 88: 14-22.

Chalmers D J, Burge G, Jerie P H, et al. 1986. The mechanism of regulation of "Barlett" pear fruit and vegetative growth by irrigation with holding and regulated deficit irrigation. Journal of American Soceity Horticulture Science, 111(6): 904-907.

Davies W J, Zhang J. 1991. Root signals and the regulation of growth and development of plants in drying soil. Annual Review of Plant Physiology and Plant Molecular Biology, 42: 55-76.

Dobson J E, Bright E A, Coleman P R, et al. 2000. LandScan: A global population database for estimating population at risk. Photogrammetric Engineering and Remote Sensing, 55(7): 849-857.

Dong B, Molden D, Loeve R, et al. 2004. Farm level practices and water productivity in Zhanghe Irrigation System. Paddy Water Environ, 2: 217-226.

Frolking S, Qiu J, Boles S, et al. 2002. Combining remote sensing and ground census data to develop new maps of the distribution of rice agriculture in China. Global Biogeochem, 16(4), 1-10.

Frolking S, Xiao X, Zhuang Y, et al. 1999. Agricultural land-use in China: a comparison of area estimates from ground-based census and satellite-borne remote sensing. Global Ecol. Biogeogr, 8(5): 407-416.

Gonzalez M P, Mateos L. 2008. Spectral vegetation indices for benchmarking water productivity of irrigated cotton and sugarbeet crops. Agricultural Water Management, 95(1), 48-58.

Groten S M. 1993. NDVI crop monitoring and early yield assessment of Burkina Faso. International Journal of Remote Sensors, 14(8), 1495-1515.

Harvey J T. 2002. Estimating census district populations from satellite imagery: some approaches and limitations. International Journal of Remote Sensors, 23(10), 2071-2095.

Henk P, Tom S, Al R, et al. 2000. Length-scale analysis of surface albedo, temperature, and normalized difference vegetation index in desert grassland. Water Resource Research, 36(7): 1757-1765.

Hurtt G C, Rosentrater L, Frolking S, et al. 2001. Linking remote-sensing estimates of land cover and census statistics on land use to produce maps of land use of the cnterminous United States. Global Biogeochem, 15(3), 673-685.

Hussein O F, Wim G M. 2001. Impact of spatial variations of land surface parameters on regional evaporation: a case study with remote sensing data. Hydrological Processes, 15: 1585-1607.

Jones H G. 1976. Crop characteristics and the ratio between assimilation and transpiration. Journal of Applied Ecology, 13(2): 605-622.

Kang S Z, Liang Z S, Hu W, et al. 1998. Water use efficiency of controlled alternate irrigation on root-divided maize plants. Agricultural Water Management, 38(1): 69-76.

Kang S Z, Shi W J, Zhang J H. 2000. An improved water-use efficiency for maize grown under regulated deficit irrigation. Field Crops Research, 67(3): 207-214.

Khan M R, De B C, Van K H, et al. 2010. Disaggregating and mapping crop statistics using hypertemporal remote sensing. International Journal of Applied Earth Observation and Geoinformation, 12(1): 36-46.

Klein G K, Beusen A, Van D G, et al. 2011. The HYDE 3. 1 spatially explicit database of human induced global land use change over the past 2000 years. Global Econology and Biogeography, 20: 73-86.

Klein G K, Van D G, Bouwman A E. 2006. Contemporary global cropland and grassland distributions on a 5×5 minute resolution. Journal of Land Use Science, 2: 167-190.

Klein G K. 2001. Estimating global land use change over the past 300 years: the HYDE Database. Global Biogeochem Cycles, 15: 417-433.

Leff B, Ramankutty N, Foley J A. 2004. Geographic distribution of major crops across the world. Global Biogeochem Cycles, 18, GB1009: 1-27.

Li H J, Li Z, Lei Y P, et al. 2008. Estimation of water consumption and crop water productivity of winter wheat in North Chin Plain using remote sensing technology. Agricultural Water Management, 95: 1271-1278.

Liu B H, Xu M, Henderson M, et al. 2005. Observed trends of precipitation amount, frequency, and intensity in China, 1960—2000. Journal of Geophysical Research, 110: D08103

Liu C M, Zhang X Y, Zhang Y Q. 2002. Determination of daily evaporation and evapotranspiration of winter wheat and maize by large-scale weighing lysimeter and micro-lysimeter. Agricultural and Forest Meteorology, 111(2): 109-120.

Maxwell S K, Hoffer R M. 1996. Mapping agriculture crops with multidate Landsatta. Proceedings of the National ASPRS/ACSM 1996 Annual Convention, Baltimore, MD: 433-443.

Maxwell S K, Nuckols J R, Ward M H, et al. 2003. An automated approach to mapping corn from Landsat imagery. Comput. Electron. Agric. , 43: 3-54.

Maxwell S K, Nucools J R, Ward M H. 2006. A method for mapping corn using the US Geological Survey 1992 National Land Cover Dataset. Comput. Electron. Agric. , 51: 54-65.

McCoy R M. 2004. Field Methods in Remote Sensing. New York: Guilford Press: 159.

Mesev V. 1998. The use of census data in urban image classification. Photogramm. Eng. Remote Sens, 64(5), 431-438.

Monfreda C, Ramankutty N, Foley J A. 2008. Farming the planet: 2. Geographic distribution of crop areas, yields, physiological types, and net primary production in the year 2000. Global Biogeochem, 22, GB1022: 1-19.

Moulin S, Bondeau D, Delecolle R. 1998. Combining agricultural crop models and satellite observations: from field to regional scales. International Journal of Remote Sensors, 19(6), 1021-1036.

Neto E R, Hamburger D S. 2008. Census data mining for land use classification. Data Mining for Business Applications: 241.

Nordhaus W D. 2006. Geography and macroeconomics: new data and new findings. Proceedings of the National Academy of Sciences of the United States of America, 103(10): 3510-3517.

Qiu J J, Tang H J, Steve F, et al. 2003. Mapping single double, and triple-crop agriculture in china at

0.5×0.5 by combining county-scale census data with a remote sensing-derived land cover map. Geocarto International, 18(2): 3-13.

Schmugge T, Hook S J, Coll C. 1998. Recovering surface temperature and emissivity from thermal infrared multispectral data. Remote Sensing of Environment, 65(2): 121-131.

Singh R, Feddes R A. 2006. Water productivity analysis of irrigated crops in Sirsa district, India. Agricultural Water Management, 82: 253-278.

Sutton P, Roberts D, Elvidge C, et al. 2001. Census from heaven: an estimate of the global human population using nighttime satellite imagery. International Journal of Remote Sensors, 3061-3076.

Timsina J, Humphreys E, Godwin D, et al. 2005. Evaluation of options for increasing water productivity of wheat using CSM-Wheat V 4. 0. Melboume, Australia.

Wang H, Zhang L, Dawes W R, et al. 2001. Improving water use efficiency of irrigated crops in the North China Plain-measurements and modeling. Agricultural Water Management, 48(2): 151-167.

Wesseling J G, Feddes R A. 2006. Assessing crop water productivity from field to regional scale. Agricultural Water Management, 86: 30-39.

Yang P, Wu W, Zhou Q, et al. 2008. Research progress in crop yield estimation models based on spectral reflectance data. Trans. CSAE, 24(10), 262-268.

You L, Wood S U. 2005. Assessing the distribution of crop production using a cross entropy method. International Journal of Applied Earth Observation and Geoinformation, 7(4): 310-323.

You L, Wood S, Wood S U. 2009. Generating plausible crop distribution maps for Sub Saharan Africa using a spatially disaggregated data fusion and optimization approach. Agricultural System, 99: 126-140.

You L, Wood S. 2006. An entropy approach to spatial disaggregation of agricultural production. Agricultural System, 90: 329-347.

Zwart S J, Bastiaanssen W G M. 2004. Review of measured crop water productivity values for irrigated wheat, rice, cotton and maize. Agricultural Water Management, 69: 115-133.